KSEA 743-21

KSSC-21-05

강구조 접합부 설계예제집

Steel Structure Connection Design Examples

한국건축구조기술사회
한국강구조학회

(사)한국건축구조기술사회
THE KOREAN STRUCTURAL ENGINEERS ASSOCIATIO

사단법인 한국강구조학회
KOREAN SOCIETY OF STEEL CONSTRUCTION

이 책은 건축물 강구조 설계기준(KDS 41 31 00: 2019)과 KS규격 자재의 사용을 원칙으로 작성된 매뉴얼입니다. 구조기준에 따라 책임구조기술자가 확인한 경우에 설계할 수 있거나 구조기준에는 포함되어있지 않으나 해외기준에서 일반적으로 사용하는 설계방법도 일부 포함되어 있습니다. 이 책의 내용에 대하여 많은 검토를 하였으나 정확성과 적합성을 보증하는 것은 아닙니다. 특정한 곳에 사용하는 경우에는 반드시 책임구조기술자(사)의 책임으로 검증 절차를 거쳐야 합니다.

이 매뉴얼에 대한 문의사항이 있는 경우에는 구조설계, 상세 등을 포함한 기술적인 사항에 대하여는 (사)한국건축구조기술사회 또는 (사)한국강구조학회에 문의하시기 바랍니다.

발간사

PREFACE

접합부는 강구조물이 건전성을 유지하고 일체성을 확보하기 위한 필수 요건입니다. 따라서 주어진 상황이나 조건에 맞는 합리적인 접합방식을 선정하고, 적합하게 설계하며, 각종 오차, 변형 등을 감안하여 제작, 설치하는 것은 매우 중요한 일입니다. 이러한 이유로 다양한 접합재료와 접합방식을 알려주고, 설계 방법과 절차를 이해할 수 있으며, 제작 및 설치 시 고려 사항을 제시하는 매뉴얼이 필요합니다.

2016년 첫 출간되고 이번에 개정된 「강구조 접합부 설계매뉴얼」과 「강구조 접합부 설계예제집」은 이러한 상황에서 우리에게 꼭 필요한 매뉴얼입니다. 이전에는 강구조 전체를 다루는 매뉴얼이나 지침서의 일부분으로 접합부를 다루어 그 내용에 한계가 있었으나, 「강구조 접합부 설계매뉴얼」과 「강구조 접합부 설계예제집」은 접합부 만을 대상으로 하여, 볼트와 용접부 및 접합요소, 일반접합부, 내진접합부에 대한 요구사항, 설계 시 고려사항, 설계도움표 및 설계예제 등 상세한 내용을 담고 있어 설계자와 제작, 설치자 등 강구조분야에 종사하는 엔지니어에게 매우 유용합니다. 특히 복잡한 계산 과정을 거치지 않고 설계도움표를 통해 손쉽게 접합부를 설계할 수 있고, 그 과정을 설계예제를 통해 잘 설명하고 있어 널리 사용될 것으로 기대합니다.

건축구조기술사회와 한국강구조학회는 상호 교류·협력과 우호 증진을 통해 기술적·혁신적 가치를 만들어 강구조기술의 발전에 함께 기여하고 있으며, 이를 위해 강구조물 설계, 구조, 시공에 관계되는 기준 정립, 워크숍 및 기술세미나 등 학술행사의 협력, 양 기관의 필요에 의한 교육, 연구 및 자문 지원, 인력 및 정보, 기타 사항 등 다양한 상호 교류 활동을 진행해 오고 있습니다. 이 중에 공동 연구 및 도서 출간은 양 기관이 오랫동안 협력을 유지해 온 분야로 그동안 축적된 연구 성과와 실무 경험을 토대로 각종 설계예제집, 매뉴얼, 표준접합상세도 등을 공동 출간하는 성과를 이루어 내고 있습니다.

이번에 개정, 출간되는 「강구조 접합부 설계매뉴얼」과 「강구조 접합부 설계예제집」을 통해 양 기관의 협력관계를 다시 한번 확인하게 되었으며, 앞으로도 지속적인 연구와 설계기술 개발을 통해 양 기관의 협력이 지속적으로 발전해 나갈 수 있기를 기대합니다.

코로나 19 등 어려운 상황에서 심혈을 기울여 주신 집필진과 검토, 자문위원 그리고 첫 출간부터 아낌없는 지원을 해주신 ㈜현대제철 관계자 여러분의 노고에 감사드립니다.

2021년 4월

(사)건축구조기술사회 회장 **김 상 식**

(사)한국강구조학회 회장 **신 경 재**

머리말

PREFACE

강구조 건축물의 골조는 다양한 형태의 많은 부재요소들로 구성되며, 이들 각각은 구조물의 지지부재에 적절하게 접합되어야 합니다. 그런데 강구조물 접합부를 제대로 설계하고, 제작, 설치하는 것은 어려운 일입니다. 강구조물 접합부를 설계할 때 표준접합상세로 해결되지 않는 많은 유형의 접합방식이 필요하고, 제작 및 설치 등 고려해야 할 점이 많습니다. 따라서 접합부 설계자나 제작사, 시공사가 쉽게 적용하고 효율적인 접합방식을 제공하기 위한 접합부 설계 매뉴얼이 필요합니다.

2016년 첫 출간된 「H형강 접합부 설계매뉴얼」의 개정 작업으로 출간되는 「강구조 접합부 설계예제집」은 「강구조 접합부 설계매뉴얼」의 설계방법 및 절차와 설계도움표를 이용하여 다양한 접합부의 설계를 손쉽게 수행하는 방법을 제시하는 책입니다. 당초 합본이었던 설계매뉴얼을 매뉴얼과 예제집으로 나누어 출간하여 보다 편리하게 이용할 수 있도록 하였습니다. 설계매뉴얼과 설계예제집은 KDS 41 31 00 기준에 따라 작성되었으며, 2017년 1월 1일 시행된 한국산업규격(KS) 개정사항이 반영되었습니다. 또한 일부 예제에는 설계도움표를 이용하는 방법에 추가하여 직접 계산하는 방법을 제시하여 독자들이 설계 방법과 절차를 보다 쉽게 이해할 수 있도록 하였습니다.

이번 개정작업이 초판의 내용을 새로운 기준과 규격에 따라 수정·보완하고 관련 프로그램을 구축하며 완성도를 높이는 데 주력했다면, 이를 토대로 앞으로는 강구조 접합부 분야의 최근 연구성과와 설계기술이 반영되고, 다양한 접합방식과 예제들을 추가하는 등 주기적으로 수정·보완하고 지속적으로 발전하기를 기대합니다.

이번 개정은 건축구조기술사회와 한국강구조학회의 지원으로 진행되었고, 건축 강구조전공 교수와 강구조 전문 건축구조기술사가 집필, 검토, 자문에 참여하였습니다. 양 기관 회장님 이하 관계자 여러분, 집필에 참여해 주신 모든 분들께 감사의 마음을 전합니다. 아울러 초판 작업에 참여해 주신 많은 분들께도 감사의 마음을 전합니다.

2021년 4월

집필위원장 **정 석 재**
집필간사 **최 인 락**

목 차

TABLE OF CONTENTS

01 CHAPTER 접합부 설계예제 개요

02 CHAPTER 접합재 및 접합요소 설계예제

04 CHAPTER 내진접합부의 설계예제

01
CHAPTER

접합부 설계 예제 개요

01 CHAPTER 접합부 설계 예제 개요

1.1 적용범위

이 접합부 설계예제집은 「건축구조기준 KDS 41 31 00 : 2019」의 건축물 강구조 설계기준에 따른 강구조 접합부 설계 예제집으로서, 이 설계예제집에서 인용하는 설계방법과 도움표는 「강구조 접합부 설계매뉴얼 (2021)」을 따른다.

1.2 적용기준

이 접합부 설계예제집의 적용기준 및 참조기준은 「강구조 접합부 설계매뉴얼 (2021)」에 따른다.

1.3 강재 및 제품규격

이 접합부 설계예제집에 적용되는 강재 및 제품규격은 「강구조 접합부 설계매뉴얼 (2021)」에 따른다.

02
CHAPTER

접합재 및 접합요소 설계예제

02 CHAPTER 접합재 및 접합요소 설계 예제

2.1 볼트

이 절에서는 강재와 강재 사이의 접합에 사용하는 볼트에 대한 예제를 다루었다. 예제는 「건축물 강구조 설계기준 KDS 41 31 00 : 2019」(이하 기준)을 따르며 설계방법, 도움표 등의 내용은 「강구조 접합부 설계매뉴얼 (2021)」(이하 매뉴얼) 중 「2.1 볼트」의 내용을 따른다. 예제에서 말하는 기준식은 기준의 「4.7 접합, 절점 및 파스너」의 내용을 의미한다.

볼트에 관한 설계요구사항 및 편심하중을 받는 볼트군의 설계는 다음과 같이 기준에서 규정하고 있다. 이 규정에 따라 산정한 설계강도는 소요강도 이상이어야 한다.

(1) 전단

전단에 대한 설계강도는 기준 「4.7.3.3 볼트의 인장과 전단강도」에 따라 산정하며, 필요하면 「강구조 고력볼트 접합부의 설계 및 시방규정 개선을 위한 기초연구(안)」에 포함된 「고력볼트 접합부 설계규준 및 시방서 개선안」(이하 개선안)을 참고한다. 이 때 끼움재 또는 쐐기가 있으면 기준 「4.7.5 끼움재」에 따라 전단강도를 감소하여야 한다.

(2) 인장

인장에 대한 설계강도는 기준 「4.7.3.3 볼트의 인장과 전단강도」에 따라 산정하며, 필요하면 개선안을 참고한다. 이 때 지레작용이 발생하면 그 효과를 고려하여야 한다.

(3) 인장과 전단의 조합

인장과 전단의 조합에 대한 설계강도는 기준 「4.7.3.4 지압접합에서 인장과 전단의 조합」, 「4.7.3.7 마찰접합에서 인장과 전단의 조합」에 따라 산정한다. 또한, 개선안 「5.2 전단과 인장의 조합력」을 참고할 수 있다.

(4) 볼트구멍의 지압강도

볼트구멍의 설계지압강도는 기준 「4.7.3.5 볼트구멍의 지압강도」에 따라 산정한다.

(5) 미끄럼강도

마찰접합의 설계미끄럼강도는 기준 「4.7.3.6 고장력볼트의 미끄럼강도」에 따라 산정한다.

(6) 편심하중을 받는 볼트군

접합면의 면내에 편심이 생길 경우에는 모든 볼트는 직접전단력 P_u와 편심모멘트 $P_u e$에 의한 추가의 전단력을 조합한 효과에 저항하도록 설계하여야 한다. 이러한 유형의 편심모멘트에 대한 해석방법에는 소성회전중심법(instantaneous center of rotation method)과 탄성법(elastic method)의 2가지가 있다. 소성회전중심법이 보다 정확하기는 하지만 일반적으로 도표의 값을 사용하거나 반복해석을 통한 해법이 필요하다. 탄성법은 해법이 단순한 반면에 볼트군의 연성과 전단력의 재분배 가능성을 무시하기 때문에 지나치게 안전 측의 설계가 된다. 이러한 해석방법에 대해서는 기준에서는 별도로 규정하고 있지 않으므로, AISC의 Steel Construction Manual에서 소개하고 있는 2가지 해석방법을 적용하여 편심하중을 받는 볼트군을 설계할 수 있다.

볼트 접합부의 설계 예제는 총 8개로 구성하였으며 각 예제는 다음과 같다.

[예제 2.1.1] 인장과 전단을 받는 지압접합부의 고장력볼트
[예제 2.1.2] 단슬롯구멍 마찰접합부
[예제 2.1.3] 장슬롯구멍 마찰접합부
[예제 2.1.4] 인장과 전단을 받는 마찰접합부
[예제 2.1.5] 편심하중을 받는 볼트군(하중각도=0°)의 설계강도 – 소성회전중심법
[예제 2.1.6] 편심하중을 받는 볼트군(하중각도=15°)의 설계강도 – 소성회전중심법
[예제 2.1.7] 편심하중을 받는 볼트군(하중각도=0°)의 설계강도 – 탄성법
[예제 2.1.8] 편심하중을 받는 볼트군(하중각도=15°)의 설계강도 – 탄성법

볼트 접합부의 설계 및 설치와 관련된 도움표는 「강구조 접합부 설계매뉴얼 (2021)」에 수록되어 있으며 예제에서 이용하는 도움표 목록은 다음과 같다.

[도움표 2.1.1] 볼트의 설계전단강도, ϕr_n(kN)
[도움표 2.1.2] 볼트의 설계인장강도, ϕr_n(kN)
[도움표 2.1.3] 볼트의 설계미끄럼강도, ϕr_n(kN)
[도움표 2.1.4] 볼트구멍의 판두께당 설계지압강도 (kN/mm) – 볼트간격 별
[도움표 2.1.5] 볼트구멍의 판두께당 설계지압강도 (kN/mm) – 연단거리 별
[도움표 2.1.6~도움표 2.1.13] 편심하중을 받는 볼트군의 계수 C
[도움표 2.1.14] 고장력볼트 구성품의 치수, mm
[도움표 2.1.15] 고장력볼트의 최소설치간격, mm

▌예제 2.1.1▐ 인장과 전단을 받는 지압접합부의 고장력볼트

지압접합부에 사용한 M20 고장력볼트(F10T)에 다음과 같은 인장력과 전단력이 작용할 때 조합응력을 검토하시오. 단, 볼트의 전단면은 나사부 내(N)에 있다.

인장력 : 36.0kN(고정하중), 60.0kN(활하중)

전단력 : 12.0kN(고정하중), 20.0kN(활하중)

▌풀이

(1) 소요강도 산정

소요인장강도 : $T_u = 1.2(36.0) + 1.6(60.0) = 139\text{kN}$

소요전단강도 : $V_u = 1.2(12.0) + 1.6(20.0) = 46.4\text{kN}$

(2) 전단면이 나사부 내에 있는 F10T, 1-M20 고장력볼트의 설계전단강도 ϕR_{nv}

〈도움표 2.1.1〉 F10T-N(나사부 내), 1면, M20에서 $\phi r_n = 94.2\text{kN}$ 읽음

$\phi R_{nv} = n(\phi r_n) = (1)(94.2) = 94.2\text{kN} > V_u = 46.4\text{kN}$ 적합

(3) F10T, 1-M20 고장력볼트의 설계인장강도 ϕR_{nt}

〈도움표 2.1.2〉 F10T, M20에서 $\phi r_n = 177\text{kN}$ 읽음

$\phi R_{nt} = n(\phi r_n) = (1)(177) = 177\text{kN} > T_u = 139\text{kN}$ 적합

(4) 인장과 전단의 조합강도 검토

인장과 전단의 조합강도는 다음의 기준식(4.7-5)에 따라 검토한다.

$$F_{nt}' = 1.3F_{nt} - \frac{F_{nt}}{\phi F_{nv}} f_v \le F_{nt}$$

이 식의 각 항에 ϕA_b를 곱하고, ϕF_{nv}와 f_v에 각각 A_b 곱하면,

$$\phi F_{nt}' A_b = 1.3\phi F_{nt} A_b - \frac{\phi F_{nt} A_b}{\phi F_{nv} A_b} f_v A_b \le \phi F_{nt} A_b$$

이를 정리하면 전단력이 작용할 때의 설계인장강도 $\phi R_{nt}'$는 다음 식으로 구할 수 있다.

$$\phi R_{nt}' = 1.3\phi R_{nt} - \frac{\phi R_{nt}}{\phi R_{nv}} V_u \le \phi R_{nt}$$

$$\phi R_{nt}' = 1.3(177) - \frac{177}{94.2}(46.4) = 143\text{kN} < \phi R_{nt} = 177\text{kN}$$

$\therefore\ \phi R_{nt}' = 143\text{kN} > T_u = 139\text{kN}$ 적합

▌예제 2.1.2▐ 단슬롯구멍 마찰접합부

다음 그림과 같은 H형강 웨브만을 연결 한 인장재의 마찰접합 이음부에 대하여 2면전단 접합강도를 검토하시오. 단, H형강은 SHN355이며 표준볼트 구멍, 연결판은 SM355을 사용하고 단슬롯 구멍으로 한다. 볼트의 전단면은 나사부 내(N)에 있으며 필러는 없다.

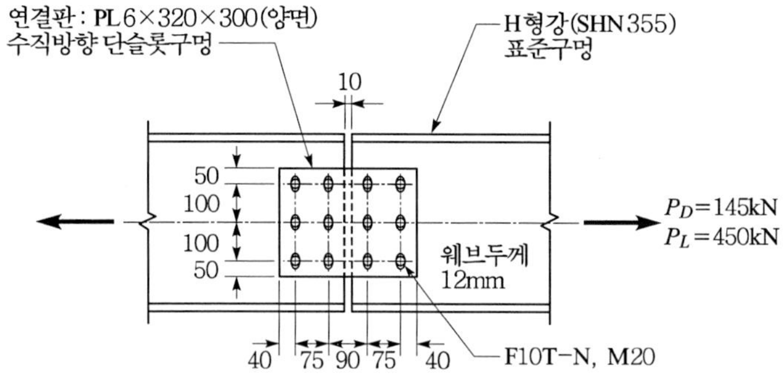

▌풀이

(1) 소요인장강도 산정

$P_u = 1.2(145) + 1.6(450) = 894\text{kN}$

(2) 볼트의 전단강도 검토

〈도움표 2.1.1〉 F10T-N(나사부 내), 2면, M20에서 $\phi r_n = 188\text{kN}$ 읽음

$\phi R_n = n(\phi r_n) = (6)(188) = 1{,}128\text{kN} > P_u = 894\text{kN}$ 적합

(3) 접합면의 미끄럼강도 검토

〈도움표 2.1.3〉 미끄럼계수 $\mu = 0.50$, 필러계수 $h_f = 1.0$, F10T, SSLT, 2면, M20에서 $\phi r_n = 165\text{kN}$ 읽음

$\phi R_n = n(\phi r_n) = (6)(165) = 990\text{kN} > P_u = 894\text{kN}$ 적합

(4) 연결판 볼트구멍(하중 방향과 직각인 단슬롯구멍)의 지압강도 검토

- 내부 볼트열(볼트간격에 따른 설계지압강도) ϕR_{n1}

〈도움표 2.1.4〉 SSLT, 75mm, 490, M20에서 설계지압강도=17.6kN/mm 읽음

$\phi R_{n1} =$ (연결판 수)×(연결판 두께)×(설계지압강도)×(볼트 수)

$= 2(6)(17.6)(3) = 634\text{kN}$

- 연단 볼트열(연단거리에 따른 설계지압강도) ϕR_{n2}

연단거리는 40mm이므로 30mm와 50mm에 대한 직선보간으로 정한다.

〈도움표 2.1.5〉 SSLT, 30mm, 490, M20에서 설계지압강도=8.38kN/mm 읽음

〈도움표 2.1.5〉 SSLT, 50mm, 490, M20에서 설계지압강도=17.2kN/mm 읽음

이를 직선보간한 연단거리 40mm일 때의 볼트구멍의 설계지압강도 ;

$8.38 + (17.2 - 8.38)(40 - 30)/(50 - 30) = 12.8\text{kN/mm}$

ϕR_{n2} = (연결판 수)×(연결판 두께)×(설계지압강도)×(볼트 수)

$= 2(6)(12.8)(3) = 461\text{kN}$

- 연결판 볼트구멍의 지압강도 검토

$\phi R_n = \phi R_{n1} + \phi R_{n2} = 634 + 461 = 1{,}095\text{kN} > P_u = 894\text{kN}$ 적합

(5) H형강 웨브 볼트구멍(표준구멍)의 지압강도 검토

- 내부 볼트열(볼트간격에 따른 설계지압강도) ϕR_{n1}

〈도움표 2.1.4〉 STD, 75mm, 490, M20에서 설계지압강도=17.6kN/mm 읽음

ϕR_{n1} = (웨브 두께)×(설계지압강도)×(볼트 수)

$= (12)(17.6)(3) = 634\text{kN}$

- 연단 볼트열(연단거리에 따른 설계지압강도) ϕR_{n2}

연단거리 $L_e = (90 - 10)/2 = 40\text{mm}$

〈도움표 2.1.5〉 STD, 30mm, 490, M20에서 설계지압강도=8.38kN/mm 읽음

〈도움표 2.1.5〉 STD, 50mm, 490, M20에서 설계지압강도=17.2kN/mm 읽음

이를 직선보간한 연단거리 40mm일 때의 설계지압강도 ;

$8.38 + (17.2 - 8.38)(40 - 30)/(50 - 30) = 12.8\text{kN/mm}$

ϕR_{n2} = (웨브 두께)×(설계지압강도)×(볼트 수)

$= (12)(12.8)(3) = 461\text{kN}$

- H형강 웨브 볼트구멍의 지압강도 검토

$\phi R_n = \phi R_{n1} + \phi R_{n2} = 634 + 461 = 1{,}095\text{kN} > P_u = 894\text{kN}$ 적합

(6) 연결판의 블록전단강도 검토 :

$R_n = 0.6 F_u A_{nv} + U_{bs} F_u A_{nt} \le 0.6 F_y A_{gv} + U_{bs} F_u A_{nt}$ 기준식(4.7-17)

$\phi R_n = \phi U_{bs} F_u A_{nt} + Min.[\phi 0.6 F_y A_{gv},\ \phi 0.6 F_u A_{nv}]$

- 연결판의 볼트구멍은 수직방향 단슬롯구멍이며, M20의 단슬롯구멍치수는 22×26mm(기준표 4.7-1 참고)

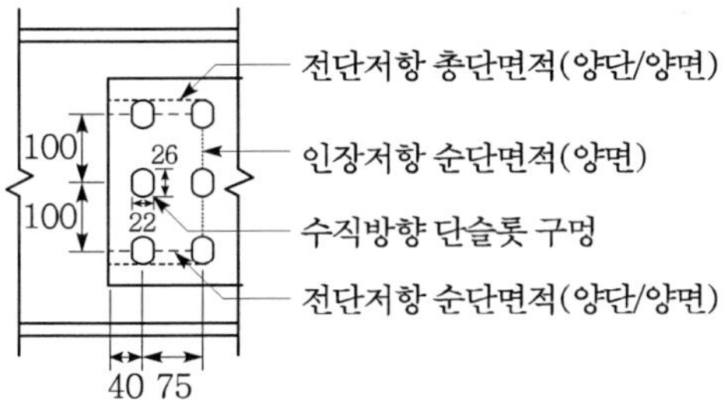

인장저항 순단면적 : 인장저항 총 길이×연결판 두께×양면 - 수직방향 단슬롯구멍 공제길이×연결판 두께×양면

$A_{nt} = (100 + 100) \times 6 \times 2 - (26 + 13 + 13) \times 6 \times 2 = 1{,}776\text{mm}^2$

전단저항 총단면적 : 전단저항 총 길이×양단×연결판 두께×양면

$A_{gv}=(40+75)\times2\times6\times2=2{,}760\text{mm}^2$

전단저항 순단면적 : 전단저항 총단면적 - 수직방향 단슬롯구멍 공제길이×연결판 두께×양단×양면

$A_{nv}=2{,}760-(22+11)\times2\times6\times2=1{,}968\text{mm}^2$

응력집중계수 : $U_{bs}=1.0$ (인장응력이 일정)

$\phi=0.75$

$U_{bs}F_uA_{nt}=1.0(490)(1{,}776)=870{,}240\text{N}$

$0.6F_uA_{nv}=0.6(490)(1{,}968)=578{,}592\text{N}$

$0.6F_yA_{gv}=0.6(355)(2{,}760)=587{,}880\text{N}>0.6F_uA_{nv}=578{,}592N$

$$\begin{aligned}\phi R_n&=\phi(U_{bs}F_uA_{nt}+0.6F_uA_{nv})\\&=0.75(870{,}240+578{,}592)\\&=1{,}087\times10^3\text{N}\\&=1{,}087\text{kN}>P_u=894\text{kN}\quad \text{적합}\end{aligned}$$

(7) H형강 웨브의 블록전단강도 검토 :

$R_n=0.6F_uA_{nv}+U_{bs}F_uA_{nt}\leq0.6F_yA_{gv}+U_{bs}F_uA_{nt}$ 기준식(4.7-17)

$\phi R_n=\phi U_{bs}F_uA_{nt}+Min.[\phi0.6F_yA_{gv},\ \phi0.6F_uA_{nv}]$

- H형강 웨브의 볼트구멍은 표준구멍이며, M20의 표준구멍치수는 22mm(기준표 4.7-1 참고)

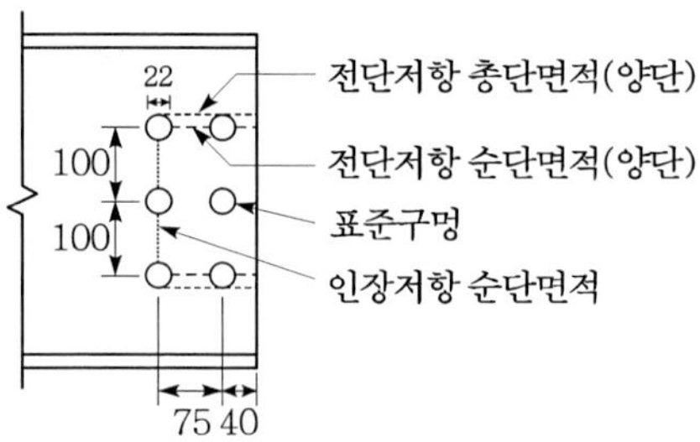

인장저항 순단면적 : 인장저항 총 길이×웨브 두께 - 표준구멍 공제길이×웨브 두께

$A_{nt}=(100+100)\times12-(22+11+11)\times12=1{,}872\text{mm}^2$

전단저항 총단면적 : 전단저항 총 길이×양단×웨브 두께

$A_{gv}=(75+40)\times2\times12=2{,}760\text{mm}^2$

전단저항 순단면적 : 전단저항 총단면적 - 표준구멍 공제길이×웨브 두께×양단

$A_{nv}=2{,}760-(22+11)\times12\times2=1{,}968\text{mm}^2$

응력집중계수 : $U_{bs}=1.0$ (인장응력이 일정)

$\phi=0.75$

$U_{bs}F_uA_{nt}=1.0(490)(1{,}872)=917{,}280\text{N}$

$0.6F_uA_{nv}=0.6(490)(1{,}968)=578{,}592\text{N}$

$0.6F_yA_{gv}=0.6(355)(2{,}760)=587{,}880\text{N}>0.6F_uA_{nv}=578{,}592\text{N}$

$\phi R_n = \phi(U_{bs} F_u A_{nt} + 0.6 F_u A_{nv})$

$= 0.75(917{,}280 + 578{,}592)$

$= 1{,}122 \times 10^3 \mathrm{N}$

$= 1{,}122 \mathrm{kN} > P_u = 894 \mathrm{kN}$ 적합

(8) 연결판의 인장강도 검토 :

- 총단면의 항복한계상태 :

$\phi P_n = \phi F_y A_g \quad \phi = 0.90$ 기준식(4.1-1)

총단면적 : $A_g = 300 \times 6 \times 2 = 3{,}600 \mathrm{mm}^2$

$\phi P_n = 0.90(355)(3{,}600)$

$= 1{,}150 \times 10^3 \mathrm{N}$

$= 1{,}150 \mathrm{kN} > P_u = 894 \mathrm{kN}$ 적합

- 유효순단면의 파단한계상태 :

$\phi P_n = \phi F_u A_e \quad \phi = 0.75$ 기준식(4.1-2) 및 (4.1-3)

전단지연계수 : $U = 1.0$ (사례 1) 기준표(4.1-1)

순단면적 : $A_n = 3{,}600 - (26 + 26 + 26) \times 6 \times 2 = 2{,}664 \mathrm{mm}^2$

유효순단면적 : $A_e = A_n U = 2{,}664(1.0) = 2{,}664 \mathrm{mm}^2$

$\phi P_n = 0.75(490)(2{,}664)$

$= 979 \times 10^3 \mathrm{N}$

$= 979 \mathrm{kN} > P_u = 894 \mathrm{kN}$ 적합

▌예제 2.1.3▐ 장슬롯구멍 마찰접합부

예제 2.1.2와 동일한 하중이 작용하는 다음 그림과 같은 H형강 웨브만을 연결 한 인장재의 2면전단 마찰접합 이음부에 대하여 접합강도를 검토하시오. 단, H형강은 SHN355이며 표준볼트 구멍, 연결판은 SM355을 사용하고 장슬롯 구멍으로 한다. 볼트의 전단면은 나사부 내(N)에 있으며 필러는 없다.

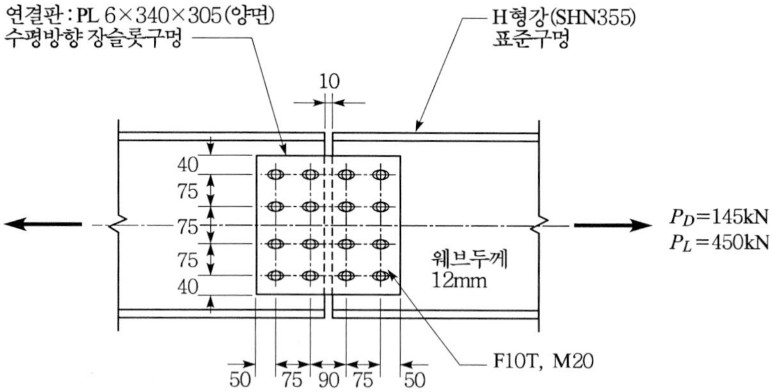

▌풀이

(1) 소요인장강도 산정

$P_u = 1.2(145) + 1.6(450) = 894\text{kN}$

(2) 볼트의 전단강도 검토

〈도움표 2.1.1〉 F10T-N(나사부 내), 2면, M20에서 $\phi r_n = 188\text{kN}$ 읽음

$\phi R_n = n(\phi r_n) = (8)(188) = 1{,}504\text{kN} > P_u = 894\text{kN}$ 적합

(3) 접합면의 미끄럼강도 검토

〈도움표 2.1.3〉 미끄럼계수 $\mu = 0.50$, 필러계수 $h_f = 1.0$, F10T, LSLP, 2면, M20에서 $\phi r_n = 115\text{kN}$ 읽음

$\phi R_n = n(\phi r_n) = (8)(115) = 920\text{kN} > P_u = 894\text{kN}$ 적합

(4) 연결판 볼트구멍(하중 방향과 평행인 장슬롯구멍)의 지압강도 검토

– 내부 볼트열(볼트간격에 따른 설계지압강도) ϕR_{n1}

〈도움표 2.1.4〉 LSLP, 75mm, 490, M20에서 설계지압강도=11.0kN/mm 읽음

$\phi R_{n1} =$ (연결판 수)×(연결판 두께)×(설계지압강도)×(볼트 수)

$= 2(6)(11.0)(4) = 528\text{kN}$

연단 볼트열(연단거리에 따른 설계지압강도) ϕR_{n2}

〈도움표 2.1.5〉 LSLP, 50mm, 490, M20에서 설계지압강도=11.0kN/mm 읽음

ϕR_{n2} = (연결판 수)×(연결판 두께)×(설계지압강도)×(볼트 수)

$= 2(6)(11.0)(4) = 528\text{kN}$

- 연결판 볼트구멍의 지압강도 검토

  $\phi R_n = \phi R_{n1} + \phi R_{n2} = 528 + 528 = 1{,}056\text{kN} > P_u = 894\text{kN}$ 적합

(5) H형강 웨브 볼트구멍(표준구멍)의 지압강도 검토

- 내부 볼트열(볼트간격에 따른 설계지압강도) ϕR_{n1}

  〈도움표 2.1.4〉 STD, 75mm, 490, M20에서 설계지압강도=17.6kN/mm 읽음

  ϕR_{n1} = (웨브 두께)×(설계지압강도)×(볼트 수)

  $= (12)(17.6)(4) = 845\text{kN}$

- 연단 볼트열(연단거리에 따른 설계지압강도) ϕR_{n2}

  연단거리 $L_e = (90-10)/2 = 40\text{mm}$

  〈도움표 2.1.5〉 STD, 30mm, 490, M20에서 설계지압강도=8.38kN/mm 읽음

  〈도움표 2.1.5〉 STD, 50mm, 490, M20에서 설계지압강도=17.2kN/mm 읽음

  이를 직선보간한 연단거리 40mm일 때의 설계지압강도 ;

  $8.38 + (17.2-8.38)(40-30)/(50-30) = 12.8\text{kN/mm}$

  ϕR_{n2} = (웨브 두께)×(설계지압강도)×(볼트 수)

  $= (12)(12.8)(4) = 614\text{kN}$

- H형강 웨브 볼트구멍의 지압강도 검토

  $\phi R_n = \phi R_{n1} + \phi R_{n2} = 845 + 614 = 1{,}459\text{kN} > P_u = 894\text{kN}$ 적합

(6) 연결판의 블록전단강도 검토 :

$R_n = 0.6 F_u A_{nv} + U_{bs} F_u A_{nt} \le 0.6 F_y A_{gv} + U_{bs} F_u A_{nt}$ 기준식(4.7-17)

$\phi R_n = \phi U_{bs} F_u A_{nt} + Min.[\phi 0.6 F_y A_{gv},\ \phi 0.6 F_u A_{nv}]$

- 연결판의 볼트구멍은 수평방향 장슬롯구멍이며, M20의 장슬롯구멍치수는 22×50mm(기준표 4.7-1 참고)

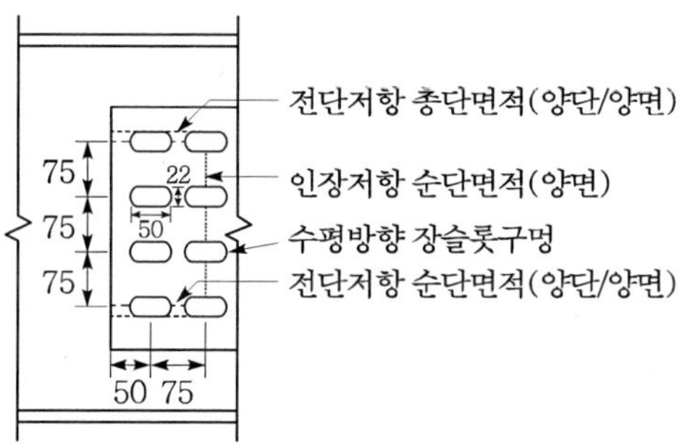

인장저항 순단면적 : 인장저항 총 길이×연결판 두께×양면 - 수평방향 장슬롯구멍 공제길이×연결판 두께×양면

$A_{nt} = (75+75+75) \times 6 \times 2 - (22+22+11+11) \times 6 \times 2 = 1{,}908\text{mm}^2$

전단저항 총단면적 : 전단저항 총 길이×양단×연결판 두께×양면

$A_{gv} = (50+75) \times 2 \times 6 \times 2 = 3{,}000\text{mm}^2$

전단저항 순단면적 : 전단저항 총단면적 - 수평방향 장슬롯구멍 공제길이×연결판 두께×양단×양면

$A_{nv} = 3{,}000 - (50+25) \times 2 \times 6 \times 2 = 1{,}200\text{mm}^2$

응력집중계수 : $U_{bs} = 1.0$ (인장응력이 일정)

$\phi = 0.75$

$U_{bs}F_uA_{nt} = 1.0(490)(1{,}908) = 934{,}920\text{N}$

$0.6F_uA_{nv} = 0.6(490)(1{,}200) = 352{,}800\text{N}$

$0.6F_yA_{gv} = 0.6(355)(3{,}000) = 639{,}000\text{N} > 0.6F_uA_{nv} = 352{,}800N$

$$\begin{aligned}\phi R_n &= \phi(U_{bs}F_uA_{nt} + 0.6F_uA_{nv}) \\ &= 0.75(934{,}920 + 352{,}800) \\ &= 1{,}288 \times 10^3\text{N} \\ &= 1{,}288\text{kN} > P_u = 894\text{kN} \quad \text{적합}\end{aligned}$$

(7) H형강 웨브의 블록전단강도 검토 :

$R_n = 0.6F_uA_{nv} + U_{bs}F_uA_{nt} \le 0.6F_yA_{gv} + U_{bs}F_uA_{nt}$ 기준식(4.7-17)

$\phi R_n = \phi U_{bs}F_uA_{nt} + Min.[\phi 0.6F_yA_{gv},\ \phi 0.6F_uA_{nv}]$

- H형강 웨브의 볼트구멍은 표준구멍이며, M20의 표준구멍치수는 22mm(기준표 4.7-1 참고)

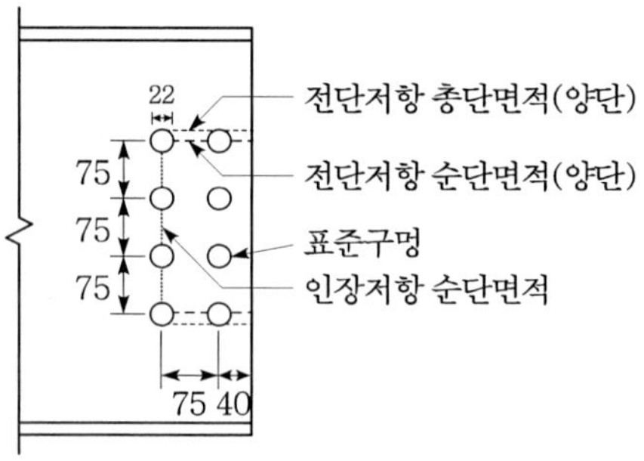

인장저항 순단면적 : 인장저항 총 길이×웨브 두께 - 표준구멍 공제길이×웨브 두께

$A_{nt} = (75+75+75) \times 12 - (22+22+11+11) \times 12 = 1{,}908\text{mm}^2$

전단저항 총단면적 : 전단저항 총 길이×양단×웨브 두께

$A_{gv} = (75+40) \times 2 \times 12 = 2{,}760\text{mm}^2$

전단저항 순단면적 : 전단저항 총단면적 - 표준구멍 공제길이×웨브 두께×양단

$A_{nv} = 2{,}760 - (22+11) \times 12 \times 2 = 1{,}968\text{mm}^2$

응력집중계수 : $U_{bs} = 1.0$ (인장응력이 일정)

$\phi = 0.75$

$U_{bs}F_uA_{nt} = 1.0(490)(1{,}908) = 934{,}920\text{N}$

$0.6F_uA_{nv} = 0.6(490)(1{,}968) = 578{,}592\text{N}$

$0.6F_yA_{gv} = 0.6(355)(2{,}760) = 587{,}880\text{N} > 0.6F_uA_{nv} = 578{,}592\text{N}$

$$\phi R_n = \phi(U_{bs}F_uA_{nt} + 0.6F_uA_{nv})$$
$$= 0.75(934{,}920 + 578{,}592)$$
$$= 1{,}135 \times 10^3\text{N}$$
$$= 1{,}135\text{kN} > P_u = 894\text{kN} \quad \text{적합}$$

(8) 연결판의 인장강도 검토 :

- 총단면의 항복한계상테

$\phi P_n = \phi F_y A_g \qquad \phi = 0.90$

총단면적 : $A_g = 305 \times 6 \times 2 = 3{,}660\text{mm}^2$

$$\phi P_n = 0.90(355)(3{,}660)$$
$$= 1{,}169 \times 10^3\text{N}$$
$$= 1{,}169\text{kN} > P_u = 1{,}014\text{kN} \quad \text{적합}$$

- 유효순단면의 파단한계상태

$\phi P_n = \phi F_u A_e \qquad \phi = 0.75$

전단지연계수 : $U = 1.0$ (사례 1) 기준표(4.1-1)

순단면적 : $A_n = 3{,}660 - (22 + 22 + 22 + 22) \times 6 \times 2 = 2{,}604\text{mm}^2$

유효순단면적 : $A_e = A_n U = 2{,}604(1.0) = 2{,}604\text{mm}^2$

$$\phi P_n = 0.75(490)(2{,}604)$$
$$= 957 \times 10^3\text{N}$$
$$= 957\text{kN} > P_u = 894\text{kN} \quad \text{적합}$$

▌예제 2.1.4▐ 인장과 전단을 받는 마찰접합부

다음 그림과 같이 인장과 전단을 받는 마찰접합부에 대하여 미끄럼강도를 검토하시오. 단, 볼트의 전단면은 나사부 내(N)에 있으며 필러는 없다.

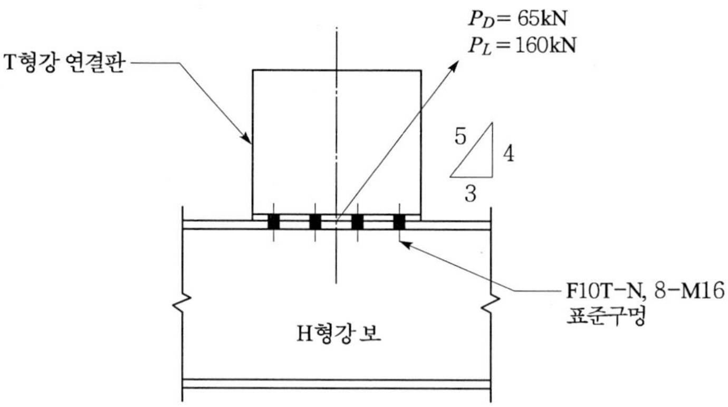

▌풀이

(1) 소요강도 산정

$P_u = 1.2(65) + 1.6(160) = 334\text{kN}$

소요인장강도 : $T_u = 334(4/5) = 267\text{kN}$

소요전단강도 : $V_u = 334(3/5) = 200\text{kN}$

(2) 인장과 전단의 조합력을 받는 고장력볼트의 강도 검토

– 볼트의 설계전단강도 ϕR_{nv}

〈도움표 2.1.1〉 F10T–N(나사부 내), 1면, M16에서 $\phi r_n = 60.3\text{kN}$ 읽음

$\phi R_{nv} = n(\phi r_n) = (8)(60.3) = 482\text{kN} > V_u = 200\text{kN}$ 적합

– 볼트의 설계인장강도 ϕR_{nt}

〈도움표 2.1.2〉 F10T, M16에서 $\phi r_n = 113\text{kN}$ 읽음

$\phi R_{nt} = n(\phi r_n) = (8)(113) = 904\text{kN} > T_u = 267\text{kN}$ 적합

– 인장과 전단의 조합강도 검토

인장과 전단의 조합강도는 다음의 기준식(4.7–5) 정리한 다음 식으로 인장강도 $\phi R_{nt}'$를 구하여 검토할 수 있다. (예제 2.1.1 참조)

$$\phi R_{nt}' = 1.3\phi R_{nt} - \frac{\phi R_{nt}}{\phi R_{nv}} V_u \le \phi R_{nt}$$

$$\phi R_{nt}' = 1.3(904) - \frac{904}{482}(200) = 800\text{kN} < \phi R_{nt} = 904\text{kN}$$

$\therefore\ \phi R_{nt}' = 800\text{kN} > T_u = 267\text{kN}$ 적합

(3) 접합면의 미끄럼강도 검토

〈도움표 2.1.3〉 미끄럼계수 $\mu = 0.50$, 필러계수 $h_f = 1.0$, F10T, STD, 1면, M16에서 $\phi r_n = 53.0\text{kN}$ 읽음

마찰접합에서 인장하중을 받아 장력이 감소할 경우에는 기준 「4.7.3.7 마찰접합에서 인장과 전단의 조합」에 따라 산정한 설계미끄럼강도에 기준식(4.7–10)의 계수 k_s를 곱하여 저감하여야 한다.

$$k_s = 1 - \frac{T_u}{T_o N_b} = 1 - \frac{267}{106(8)} = 0.685$$

$$\phi R_n = N_b(k_s)(\phi r_n) = (8)(0.685)(53.0) = 290\text{kN} > T_u = 267\text{kN} \quad \text{적합}$$

주) 이 예제에서는 생략하였으나 마찰접합부에 대해서도 볼트구멍의 지압강도를 검토하여야 한다. (예제 2.1.2와 예제 2.1.3 참조)

▌예제 2.1.5▐ 편심하중을 받는 볼트군(하중각도=0°)의 설계강도 - 소성회전중심법

다음 그림과 같이 편심하중을 받는 1면전단 고장력볼트 지압접합부에서 볼트군의 설계강도를 소성회전중심법으로 산정하시오. 단, 볼트의 전단면은 나사부 내(N)에 있으며 볼트구멍은 H형강 플랜지와 접합판 모두 표준구멍을 사용한다.

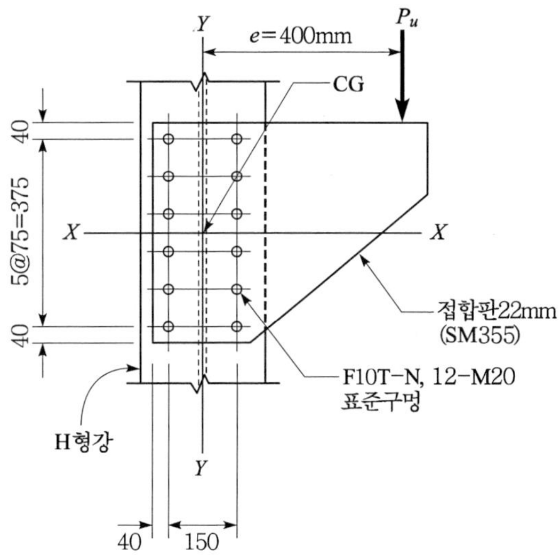

▌풀이

(1) 볼트 1개당 설계전단강도 ϕr_n 산정

- 전단면이 나사부 내(N)에 있는 F10T, M20 고장력볼트의 설계전단강도
  〈도움표 2.1.1〉 F10T-N(나사부 내), 1면, M20에서
  $\phi r_n = 94.2\text{kN}$ 읽음

- 볼트간격별 볼트구멍의 접합판 두께 당 설계지압강도
  〈도움표 2.1.4〉 STD, 75mm, 490, M20에서 설계지압강도=17.6kN/mm 읽음
  $\phi r_n =$ (접합판 두께)×(설계지압강도)$= 22(17.6) = 387\text{kN}$

- 연단거리별 볼트구멍의 접합판 두께 당 설계지압강도
  〈도움표 2.1.5〉 STD, 30mm, 490, M20에서 설계지압강도=8.38kN/mm 읽음
  〈도움표 2.1.5〉 STD, 50mm, 490, M20에서 설계지압강도=17.2kN/mm 읽음
  이를 직선보간한 연단거리 40mm일 때의 설계지압강도 ;
  $$8.38 + (17.2 - 8.38)(40 - 30)/(50 - 30) = 12.8\text{kN/mm}$$
  $\phi r_n =$ (접합판 두께)×(설계지압강도)$= 22(12.8) = 282\text{kN}$

- 볼트 1개당 설계전단강도 ϕr_n
  볼트 1개당 설계전단강도는 볼트의 설계전단강도와 볼트간격에 따른 볼트구멍의 설계지압강도, 연단거리에 따른 볼트구멍의 설계지압강도 중에서 가장 작은 볼트의 설계전단강도 $\phi r_n = 94.2\text{kN}$ 으로 한다.

(2) 볼트군의 설계강도 ϕR_n 산정

- 편심하중을 받는 볼트군의 계수 C
  〈도움표 2.1.8(1)〉 하중각도=0°, $s = 75\text{mm}$, $e_x = e = 400\text{mm}$, 수직열당 볼트수=6에서
  $C = 3.62$ 읽음

  $\phi R_n = C \times \phi r_n = 3.62 \times 94.2 = 341\text{kN}$

▌예제 2.1.6▐ 편심하중을 받는 볼트군(하중각도=15°)의 설계강도 - 소성회전중심법

다음 그림과 같이 편심하중을 받는 고장력볼트 지압접합부에서 볼트군의 설계강도를 소성회전중심법으로 산정하시오. 단, 볼트의 전단면은 나사부 내(N)에 있으며 볼트구멍은 H형강 플랜지와 접합판 모두 표준구멍을 사용한다.

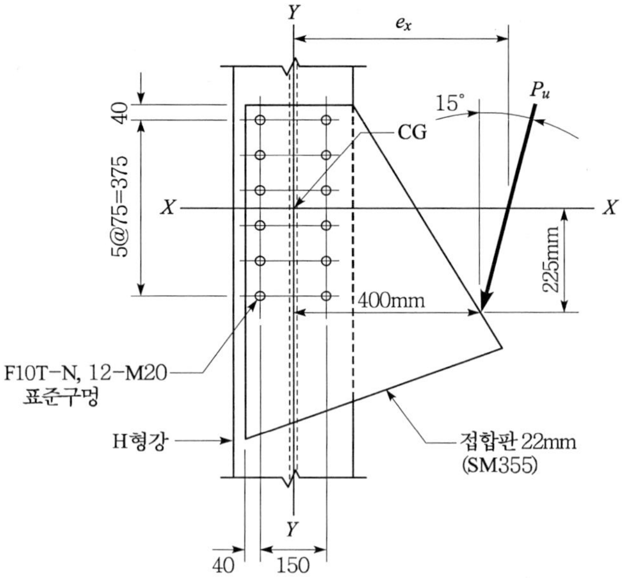

▌풀이

(1) 볼트 1개당 설계전단강도 ϕr_n 산정

- 전단면이 나사부 내(N)에 있는 F10T, M20 고장력볼트의 설계전단강도
  〈도움표 2.1.1〉 F10T-N(나사부 내), 1면, M20에서
  $\phi r_n = 94.2\text{kN}$ 읽음

- 볼트간격별 볼트구멍의 접합판 두께 당 설계지압강도
  〈도움표 2.1.4〉 STD, 75mm, 490, M20에서 설계지압강도=17.6kN/mm 읽음
  $\phi r_n =$ (접합판 두께)×(설계지압강도)$= 22(17.6) = 387\text{kN}$

- 연단거리별 볼트구멍의 접합판 두께 당 설계지압강도
  〈도움표 2.1.5〉 STD, 30mm, 490, M20에서 설계지압강도=8.38kN/mm 읽음
  〈도움표 2.1.5〉 STD, 50mm, 490, M20에서 설계지압강도=17.2kN/mm 읽음
  이를 직선보간한 연단거리 40mm일 때의 설계지압강도 ;
  $8.38 + (17.2 - 8.38)(40 - 30)/(50 - 30) = 12.8\text{kN/mm}$
  $\phi r_n =$ (접합판 두께)×(설계지압강도)$= 22(12.8) = 282\text{kN}$

- 볼트 1개당 설계전단강도 ϕr_n
  볼트 1개당 설계전단강도는 볼트의 설계전단강도와 볼트간격에 따른 볼트구멍의 설계지압강도, 연단거리에 따른 볼트구멍의 설계지압강도 중에서 가장 작은 볼트의 설계전단강도 $\phi r_n = 94.2\text{kN}$으로 한다.

(2) 볼트군의 설계강도 ϕR_n 산정

$e_x = 400 + 225(\tan 15^\circ) = 460\text{mm}$
〈도움표 2.1.8(2)〉 하중각도=15°, $s = 75\text{mm}$, $e_x = 450\text{mm}$, 수직열당 볼트수=6에서 $C = 3.34$ 읽음
〈도움표 2.1.8(2)〉 하중각도=15°, $s = 75\text{mm}$, $e_x = 500\text{mm}$, 수직열당 볼트수=6에서 $C = 3.05$ 읽음
이를 직선보간한 $e_x = 450\text{mm}$일 때의 C값 ;
$C = 3.34 + (3.05 - 3.34)(460 - 450)/(500 - 450) = 3.28$

$\phi R_n = C \times \phi r_n = 3.28 \times 94.2 = 309\text{kN}$

▌예제 2.1.7▐ 편심하중을 받는 볼트군(하중각도=0°)의 설계강도 - 탄성법

예제 2.1.5와 동일한 고장력볼트 지압접합부에서 볼트군의 설계강도를 탄성법으로 산정하시오. 단, 볼트의 전단면은 나사부 내(N)에 있으며 볼트구멍은 H형강 플랜지와 접합판 모두 표준구멍을 사용한다.

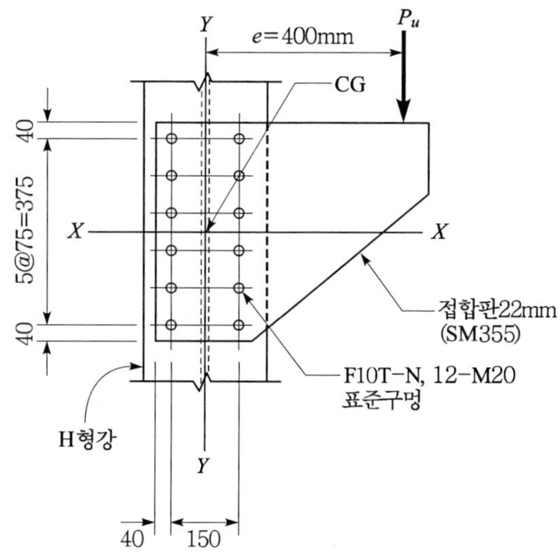

▌풀이

탄성법을 사용한 편심하중을 받는 볼트군의 설계강도는 매뉴얼 「2.1.5.1 접합면내 편심」의 「(2)탄성법」을 참고한다. 탄성법은 편심하중을 볼트군 중심에 작용하는 직접전단력과 편심모멘트로 분리하여 산정한다. 탄성법은 해법이 단순한 반면에 볼트군의 연성과 전단력의 재분배 가능성을 무시하기 때문에 지나치게 안전 측의 설계가 된다. 이는 예제 2.1.5에서 소성회전중심법으로 산정한 볼트군의 설계강도와 비교하여 확인할 수 있다.

(1) 볼트 1개당 설계전단강도 ϕr_n 산정

- 전단면이 나사부 내(N)에 있는 F10T, M20 고장력볼트의 설계전단강도
  〈도움표 2.1.1〉 F10T-N(나사부 내), 1면, M20에서 $\phi r_n = 94.2\text{kN}$ 읽음

- 볼트간격별 볼트구멍의 접합판 두께 당 설계지압강도
  〈도움표 2.1.4〉 STD, 75mm, 490, M20에서 설계지압강도=17.6kN/mm 읽음
  $\phi r_n =$ (접합판 두께)×(설계지압강도)$= 22(17.6) = 387\text{kN}$

- 연단거리별 볼트구멍의 접합판 두께 당 설계지압강도
  〈도움표 2.1.5〉 STD, 30mm, 490, M20에서 설계지압강도=8.38kN/mm 읽음
  〈도움표 2.1.5〉 STD, 50mm, 490, M20에서 설계지압강도=17.2kN/mm 읽음
  이를 직선보간한 연단거리 40mm일 때의 설계지압강도 ;
  $8.38 + (17.2 - 8.38)(40 - 30)/(50 - 30) = 12.8\text{kN/mm}$
  $\phi r_n =$ (접합판 두께)×(설계지압강도)$= 22(12.8) = 282\text{kN}$

- 볼트 1개당 설계전단강도 ϕr_n
  볼트 1개당 설계전단강도는 볼트의 설계전단강도와 볼트간격에 따른 볼트구멍의 설계지압강도, 연단거리에 따른 볼트구멍의 설계지압강도 중에서 가장 작은 볼트의 설계전단강도 $\phi r_n = 94.2\text{kN}$으로 한다.

(2) 볼트군의 설계강도 ϕR_n 산정 : 설계매뉴얼 식(2.1.2)

- 하중 P_u에 의한 볼트전단력의 수평성분 r_{px}
  P_u의 수평성분 $P_{ux} = 0$

$$r_{px} = \frac{P_{ux}}{n} = \frac{0}{12} = 0.0$$

- 하중 P_u에 의한 볼트전단력의 수직성분 r_{py}

P_u의 수직성분 $P_{uy} = P_u$

$$r_{py} = \frac{P_{uy}}{n} = \frac{P_u}{12}$$

- 볼트군의 극2차모멘트 I_p 산정

$$I_x \approx \Sigma y^2$$
$$= 4(187.5)^2 + 4(112.5)^2 + 4(37.5)^2 = 196{,}875\text{mm}^4/\text{mm}^2$$
$$I_y \approx \Sigma x^2$$
$$= 12(75)^2 = 67{,}500\text{mm}^4/\text{mm}^2$$
$$I_p = I_x + I_y$$
$$= 196{,}875 + 67{,}500 = 264{,}375\text{mm}^4/\text{mm}^2$$

- 편심모멘트 $P_u e$에 의한 볼트전단력의 최대수평성분 r_{mx}

$$r_{mx} = \frac{P_u e c_y}{I_p}$$ 설계매뉴얼 식(2.1.4a)
$$= \frac{P_u(400)(375/2)}{264{,}375} = 0.284P_u$$

- 편심모멘트 $P_u e$에 의한 볼트전단력의 최대수직성분 r_{my}

$$r_{my} = \frac{P_u e c_x}{I_p}$$ 설계매뉴얼 식(2.1.4b)
$$= \frac{P_u(400)(150/2)}{264{,}375} = 0.113P_u$$

- 볼트의 최대 전단력 r_u

$$r_u = \sqrt{(r_{px} + r_{mx})^2 + (r_{py} + r_{my})^2}$$ 설계매뉴얼 식(2.1.5)
$$= \sqrt{(0.0 + 0.284P_u)^2 + (P_u/12 + 0.113P_u)^2}$$
$$= 0.345P_u$$

- 볼트군의 설계강도 ϕR_n 산정

$r_u = 0.345P_u$에서 r_u를 ϕr_n으로 P_u를 ϕR_n으로 대치하면 ;

$\phi r_n = (0.345)\phi R_n$이므로

$$\phi R_n = \frac{\phi r_n}{0.345} = \frac{94.2}{0.345} = 273\text{kN}$$

주) 예제 2.1.5에서 소성회전중심법으로 산정한 볼트군의 설계강도 $\phi R_n = 341\text{kN}$과 비교하면 탄성법으로 산정한 볼트군의 설계강도가 과도한 안전 측임을 알 수 있다.

▌예제 2.1.8▐ 편심하중을 받는 볼트군(하중각도=15°)의 설계강도 - 탄성법

예제 2.1.6과 동일한 고장력볼트 지압접합부에서 볼트군의 설계강도를 탄성법으로 산정하시오. 단, 볼트의 전단면은 나사부 내(N)에 있으며 볼트구멍은 표준구멍을 사용한다.

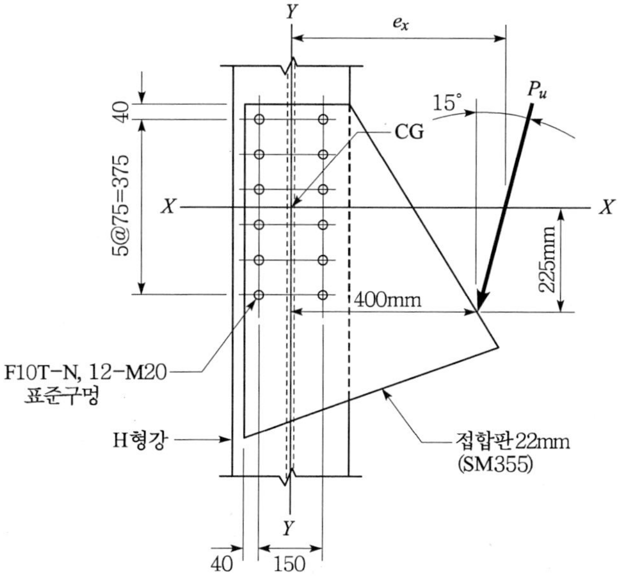

▌풀이

(1) 볼트 1개당 설계전단강도 ϕr_n 산정

- 전단면이 나사부 내(N)에 있는F10T, M20 고장력볼트의 설계전단강도

  〈도움표 2.1.1〉 F10T-N(나사부 내), 1면, M20에서 $\phi r_n = 94.2\text{kN}$ 읽음

- 볼트간격에 따른 접합판 볼트구멍 설계지압강도

  〈도움표 2.1.4〉 STD, 75mm, 490, M20에서

  설계지압강도=17.6kN/mm 읽음

  $\phi r_n =$ (접합판 두께)×(설계지압강도)$= 22(17.6) = 387\text{kN}$

- 연단거리에 따른 접합판 볼트구멍 설계지압강도

  〈도움표 2.1.5〉 STD, 30mm, 490, M20에서 설계지압강도=8.38kN/mm 읽음

  〈도움표 2.1.5〉 STD, 50mm, 490, M20에서 설계지압강도=17.2kN/mm 읽음

  이를 직선보간한 연단거리 40mm일 때의 설계지압강도 ;

  $8.38 + (17.2 - 8.38)(40 - 30)/(50 - 30) = 12.8\text{kN/mm}$

  $\phi r_n =$ (접합판 두께)×(설계지압강도)$= 22(12.8) = 282\text{kN}$

- 볼트 1개당 설계전단강도 ϕr_n

  볼트 1개당 설계전단강도는 볼트의 설계전단강도와 볼트간격에 따른 볼트구멍의 설계지압 강도, 연단거리에 따른 볼트구멍의 설계지압강도 중에서 가장 작은 볼트의 설계전단강도 $\phi r_n = 94.2\text{kN}$ 으로 한다.

(2) 볼트군의 설계강도 ϕR_n 산정

- 하중 P_u에 의한 볼트전단력의 수평성분 r_{px}

  P_u의 수평성분 $P_{ux} = P_u(\sin 15°) = 0.259P_u$

  $$r_{px} = \frac{P_{ux}}{n} = \frac{0.259P_u}{12} = 0.0216P_u$$

- 하중 P_u에 의한 볼트전단력의 수직성분 r_{py}

  P_u의 수직성분 $P_{uy} = P_u(\cos 15°) = 0.966P_u$

  $$r_{py} = \frac{P_{uy}}{n} = \frac{0.966P_u}{12} = 0.0805P_u$$

- 볼트군의 극2차모멘트 I_p 산정

$$I_x \approx \Sigma y^2$$
$$= 4(187.5)^2 + 4(112.5)^2 + 4(37.5)^2 = 196{,}875\text{mm}^4/\text{mm}^2$$
$$I_y \approx \Sigma x^2$$
$$= 12(75)^2 = 67{,}500\text{mm}^4/\text{mm}^2$$
$$I_p = I_x + I_y$$
$$= 196{,}875 + 67{,}500 = 264{,}375\text{mm}^4/\text{mm}^2$$

- 편심모멘트 $P_u e$에 의한 볼트전단력의 최대수평성분 r_{mx}

$$e = e_x = 400 + 225(\tan 15^\circ) = 460\text{mm}$$

$$r_{mx} = \frac{P_u e C_y}{I_p}$$ 설계매뉴얼 식(2.1.4a)

$$= \frac{P_u(460)(375/2)}{264{,}375} = 0.326P_u$$

- 편심모멘트 $P_u e$에 의한 볼트전단력의 최대수직성분 r_{my}

$$r_{my} = \frac{P_u e C_x}{I_p}$$ 설계매뉴얼 식(2.1.4b)

$$= \frac{P_u(460)(150/2)}{264{,}375} = 0.130P_u$$

- 볼트의 최대 전단력 r_u

$$r_u = \sqrt{(r_{px} + r_{mx})^2 + (r_{py} + r_{my})^2}$$ 설계매뉴얼 식(2.1.5)

$$= \sqrt{(0.0216P_u + 0.326P_u)^2 + (0.0805P_u + 0.130P_u)^2}$$
$$= 0.406P_u$$

- 볼트군의 설계강도 ϕR_n 산정

$r_u = 0.406P_u$에서 r_u를 ϕr_n으로 P_u를 ϕR_n으로 대치하면 ;

$\phi r_n = (0.406)\phi R_n$이므로

$$\phi R_n = \frac{\phi r_n}{0.406} = \frac{94.2}{0.406} = 232\text{kN}$$

주) 예제 2.1.8.6에서 순간회전중심법으로 산정한 볼트군의 설계강도 $\phi R_n = 309\text{kN}$과 비교하면 탄성법으로 산정한 볼트군의 설계강도가 과도한 안전 측임을 알 수 있다.

2.2 용접부

용접이음부의 설계강도 ϕR_n은 다음과 같이 인장파단 및 전단파단 한계상태에 따라서 결정된 모재의 강도와 파단한계 상태에 따라서 결정된 용접재의 강도 중에서 작은 값으로 설계하여야 한다. 이 예제에서는 용접부의 강도만 다룬다. 그러나 실제 설계에서는 용접부의 강도뿐만 아니라 접합요소 모재의 인장파단 및 전단파단의 한계상태도 고려하여야 한다.

(1) 모재 강도

$$R_n = F_{nBM} A_{BM} \qquad \text{기준(4.7.2.5) 식(4.7-1)}$$

여기서, F_{nBM} : 모재의 공칭강도, MPa

A_{BM} : 모재의 단면적, mm^2

(2) 용접재 강도

$$R_n = F_{nw} A_{we} \qquad \text{기준(4.7.2.5) 식(4.7-2)}$$

여기서, F_{nw} : 용접재의 공칭강도, MPa

A_{we} : 용접재의 유효면적, mm^2

ϕ, F_{nBM}, F_{nw} 값은 기준(4.7.2.5)의 표 4.7-7에 따른다.

(3) 필릿용접부의 대체설계강도

하중저항계수설계법에 의한 강구조설계기준(국토교통부 제정, 2014.5.) '9.1.1.4 편심접합'과 이전 건축구조기준(KBC 2016)의 해설 '0710.1.4. 편심접합'에서는 편심접합부의 해석과 설계에 책임구조기술자가 확인한 경우에 소성회전중심법을 적용할 수 있도록 하였다. 필릿용접군의 설계에 각 용접요소들의 하중각도의 영향과 변형적합성을 고려하여 설계할 수 있다. 필릿용접부의 대체설계강도 산정 방법으로 설계방법, 도움표 등의 내용은 「강구조 접합부 설계매뉴얼 (2021)」 중 「2.2 용접부」의 내용을 따른다.

용접접합부의 설계 예제는 총 8개로, 하중방향 각도에 따른 중심하중을 받는 필릿용접군의 최대설계하중 산정과 소성회전중심법에 따른 편심하중을 받는 ㄷ용접군의 최대설계하중 산정 예제들로 구성하였다.

[예제 2.2.1] 중심하중을 받는 병렬 필릿용접군(0° 및 90° 하중방향)의 최대설계하중
[예제 2.2.2] 중심하중을 받는 병렬 필릿용접군(90° 하중방향)의 최대설계하중
[예제 2.2.3] 중심하중을 받는 필릿용접군(0°와 90°의 요소로 구성)의 최대설계하중
[예제 2.2.4] 중심하중을 받는 필릿용접군(0°, 45°, 90°의 요소로 구성)의 최대설계하중
[예제 2.2.5] 소성회전중심법에 따른 도움표에 의한 편심하중(0° 및 75° 하중방향)을 받는 ㄷ용접군의 최대설계하중
[예제 2.2.6] 소성회전중심법에 따른 도움표에 의한 편심하중(0° 및 75° 하중방향)을 받는 ㄷ용접군의 필릿용접사이즈
[예제 2.2.7] 탄성해석법에 의한 편심하중(0° 하중방향)을 받는 ㄷ용접군의 최대설계하중

용접접합부의 설계 및 제작과 관련된 도움표는 「강구조 접합부 설계매뉴얼 (2021)」에 수록되어 있으며 예제에서 이용하는 도움표 목록은 다음과 같다.

[도움표 2.2.1] 용접부상세 표시 약어 및 제한사항, 용접부상세 기호
[도움표 2.2.2] 필릿용접부상세
[도움표 2.2.3] 부분용입 용접부상세 (PJP)
[도움표 2.2.4] 완전용입 용접부상세 (CJP)
[도움표 2.2.5] 용접이음부 강도
[도움표 2.2.6] 용접재료 강도
[도움표 2.2.7] 용접재 강도계수, C_1
[도움표 2.2.8] 중심하중을 받는 필릿용접군의 요소 강도계수, C
[도움표 2.2.9] 편심하중을 받는 용접군의 계수, C

▌예제 2.2.1▌ 중심하중을 받는 병렬 필릿용접군(0° 및 90° 하중방향)의 최대설계하중

다음 그림과 같이 필릿용접군에 중심하중이 작용할 때, 하중방향과 나란한 용접군과 하중방향에 90° 각도인 용접군의 설계전단강도까지 도달하는 최대 중심하중 P_u를 하중각도의 영향을 고려하여 각각 구하고 결과를 비교하시오. 단 용접군의 필릿용접사이즈 s(=D)는 10mm, 각 용접부길이 L_w는 120mm이고 용접재의 인장강도는 490MPa이다.

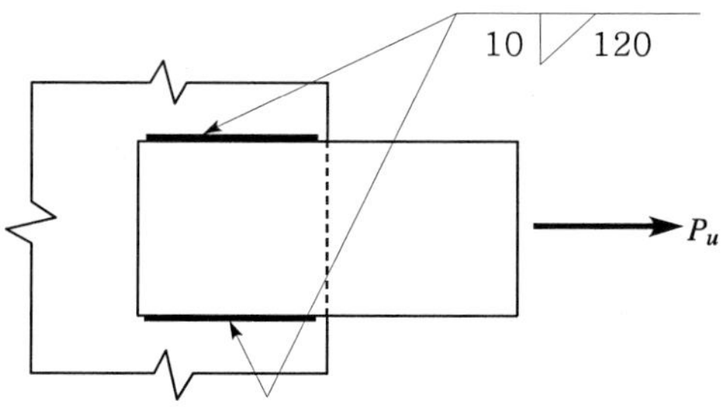

(1) 하중각도 $\theta = 0°$ 인 경우

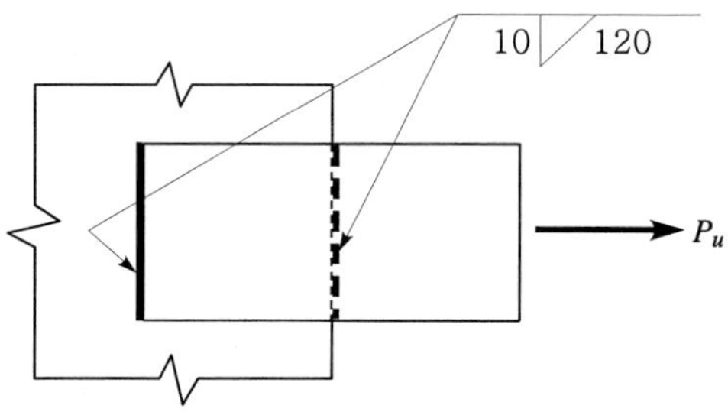

(2) 하중각도 $\theta = 90°$ 인 경우

▌풀이

(1) 하중각도 $\theta = 0°$ 인 경우

단부하중을 받는 길이방향 필릿용접부에서 용접부길이 L_w가 100s 이하인 경우, 용접부목에서의 전단응력이 균일하다고 간주하여 용접부 유효길이 l_{we}는 실제 용접부길이 L_w로 한다. 반면에 용접부길이가 100s를 초과하는 경우에는 용접부목에서의 전단응력이 균일하지 않게 분포하므로 용접부 유효길이는 길이영향 저감계수 β를 실제 용접부길이 L_w에 곱한 값으로 한다. 즉, 용접부의 유효길이는 $l_{we} = \beta L_w$로 표현할 수 있다. 설계매뉴얼(2.2.5.4)

기준 4.7.2.3(1)에서는 필릿용접의 유효길이는 필릿용접의 총길이에서 2s를 공제한 값으로 산정하도록 규정하고 있지만, 이 예제에서는 단부하중을 받는 필릿용접부에 대한 설계로 저감계수 β를 적용하여 용접부 유효길이를 산정한다.

하중각도가 0°이므로 용접부 유효길이 산정을 위하여 용접부길이/용접사이즈의 비를 검토하여야 한다.
$l_{we}/s = 120/10 = 12 < 100$이므로 감소계수 β는 1이다. 따라서 용접부 유효길이로 실제 용접부 길이를 적용한다.

$$\begin{aligned} F_{nw} &= 0.6F_w(1.0+0.5\sin^{1.5}\theta) \\ &= 0.6(490)(1.0+0.5\sin^{1.5}0°) \\ &= (294)(1+0) \\ &= 294 \text{ N/mm} \end{aligned}$$

$$\begin{aligned} P_u &= \phi R_n \\ &= \phi F_{nw} A_{we} \\ &= \phi F_{nw} l_{we} s/\sqrt{2} \\ &= 0.75(294)(2\times 120)(10/\sqrt{2})\times 10^{-3} \\ &= 374 \text{ kN} \end{aligned}$$

(2) 하중각도 $\theta = 90^\circ$ 인 경우

$$F_{nw} = 0.6F_w(1.0 + 0.5\sin^{1.5}\theta)$$
$$= 0.6(490)(1.0 + 0.5\sin^{1.5}90^\circ)$$
$$= (294)(1 + 0.5)$$
$$= 441 \text{ N/mm}$$

$$P_u = \phi R_n$$
$$= \phi F_{nw} A_{we}$$
$$= \phi F_{nw} l_{we} s / \sqrt{2}$$
$$= 0.75(441)(2 \times 120)(10/\sqrt{2}) \times 10^{-3}$$
$$= 561 \text{ kN}$$

(3) 비교

앞에서 구한 하중각도 $\theta = 90^\circ$ 인 필릿용접군의 전단강도는 하중각도 $\theta = 0^\circ$ 인 필릿용접군의 강도보다 1.5배 크다.

$$P_{u(0^\circ)} = 374\text{kN} < P_{u(90^\circ)} = 561\text{kN}$$
$$P_{u(90^\circ)} / P_{u(0^\circ)} = 561/374 = 1.5$$

하중각도에 따른 필릿용접의 강도 $F_{nw} = 0.6F_w(1.0 + 0.5\sin^{1.5}\theta)$ 를 그래프로 나타내면 다음 그림과 같다.

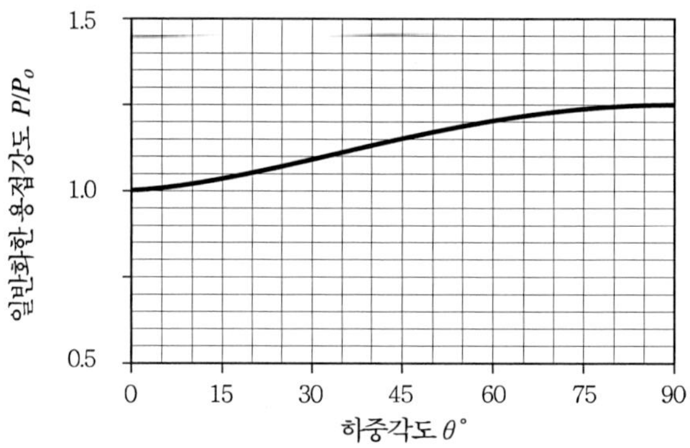

▌예제 2.2.2▐ 중심하중을 받는 병렬 필릿용접군(90° 하중방향)의 최대설계하중

다음 그림과 같이 왼쪽과 오른쪽의 필릿용접치수가 서로 다른 필릿용접군에 중심하중이 작용할 때, 용접군의 설계전단강도까지 도달하는 최대 중심하중 P_u를 다음 3가지 방법으로 구하고 서로 비교하시오.

(1) 하중각도의 영향을 고려하지 않은 최대설계중심하중

(2) 하중각도의 영향만 고려하고, 변형적합성을 고려하지 않은 최대설계중심하중

(3) 하중각도의 영향과 변형적합성을 모두 고려한 최대설계중심하중

단, 용접재의 인장강도는 490MPa이다.

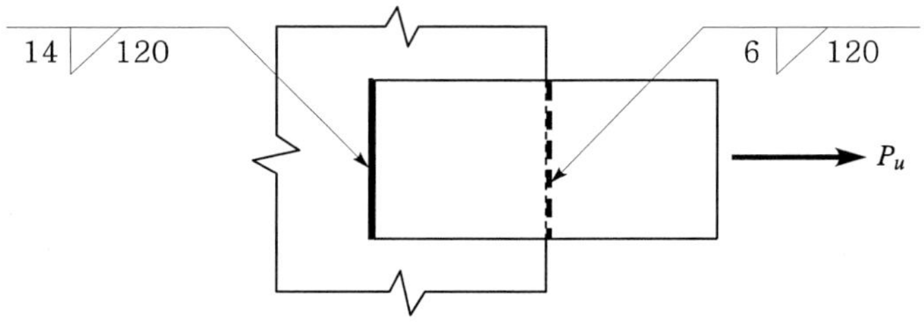

▌풀이

(1) 하중각도의 영향을 고려하지 않은 최대설계중심하중

$$F_{nw} = 0.6F_w$$
$$= 0.6(490)$$
$$= 294\,\text{MPa}$$
$$P_u = \phi R_n$$
$$= \phi F_{nw} A_{we}$$
$$= \phi F_{nw} l_{we} s/\sqrt{2}$$
$$= 0.75(294)(120)(14+6)/\sqrt{2}\times 10^{-3}$$
$$= 374\text{kN}$$

(예제 2.2.1과 같이 용접부 유효길이로 실제 용접부 길이를 적용하였다.)

(2) 하중각도의 영향만 고려하고 변형적합성을 고려하지 않은 최대설계중심하중

$$F_{nw} = 0.6F_w(1.0+0.5\sin^{1.5}\theta)$$
$$= 0.6(490)(1.0+0.5\sin^{1.5}90^\circ)$$
$$= (294)(1+0.5)$$
$$= 441\ \text{N/mm}^2$$
$$P_u = \phi R_n$$
$$= \phi F_{nw} A_{we}$$
$$= \phi F_{nw} l_{we} s/\sqrt{2}$$
$$= 0.75(441)(120)(14+6)/\sqrt{2}\times 10^{-3}$$
$$= 561\ \text{kN}$$

(3) 하중각도의 영향과 변형적합성을 모두 고려한 최대설계중심하중

두 접합요소가 무한대 강성을 가진 강판이라고 가정하면 큰 필릿치수의 용접부와 작은 필릿치수의 용접변형은 서로 같을 것이다. 그러나 6mm 필릿용접부의 변형한계와 14mm 필릿용접부의 변형한계는 다르기 때문에 예제 그림처럼 서로 다른 필릿용접요소를 가진 용접군은 중심하중을 받더라도 변형적합성을 고려하여 설계하여야 한다.

다음 그래프는 이 예제의 두 필릿용접치수에 대하여 용접부의 변형 Δ와 하중각도영향에 의한 강도증가계수 η의 관계를 나타낸 것이다. 이 그래프는 AISC 360-10의 J2.4(b)에 있는 식들을 참조하여 작성한 것이다. 각 곡선의 용접요소의 공칭전단강도 F_{nwi}는 가장 먼저 변형한계에 도달하는 용접요소의 변형 Δ_{ui}에 의해 제한한 다음 식을 변형하여 구할 수 있다.

$$F_{nwi} = 0.60F_w(1.0 + 0.50\sin^{1.5}\theta_i)[p_i(1.9 - 0.9p_i)]^{0.3}$$ 설계매뉴얼 식(2.2.7-1)

여기서,

F_{nwi} =어느 특정 변형 Δ에서의 분할용접요소에 대한 공칭전단강도, kN

F_w =용접재의 인장강도, MPa

θ_i =i용접부요소의 길이방향 축과 그 요소에 작용하는 합력방향 간의 각도

p_i =최대응력에서의 변형에 대한 i요소의 변형비, Δ_i/Δ_{mi}

Δ_i =임계요소 이외의 i용접부요소의 변형, $r_i\Delta_{ucr}/r_{cr}$ 소성회전중심으로부터의 거리에 기초한 임계변형에 선형비례한다.

Δ_{ucr} =용접군에 속한 분할용접요소 중에서 극한응력(파단)에서의 최소 Δ_{ui}/r_i비를 갖는 요소의 변형. 일반적으로 소성회전중심으로부터 가장 멀리 있는 요소의 변형, mm

Δ_{mi} =$0.209s(\theta_i + 2)^{-0.32}$, i요소의 최대응력에서의 변형, mm

Δ_{ui} =$1.087s(\theta_i + 6)^{-0.65} \le 0.17s$, 극한응력(파단)에서의 i용접부요소의 변형, mm

r_i =소성회전중심으로부터 i용접부요소의 중심까지의 거리, mm

r_{cr} =소성회전중심으로부터 최소 Δ_{ui}/r_i비를 갖는 용접부요소의 중심까지 거리, mm

s =필릿용접사이즈, mm

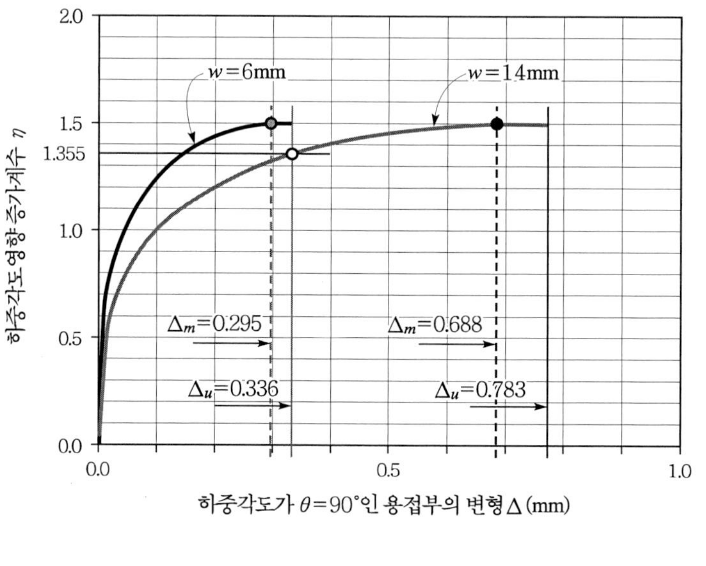

- 하중각도와 필릿용접치수를 고려한 용접부의 극한응력(파단)에서의 변형

6mm 필릿용접부 :

$$\Delta_u = 1.087(\theta+6)^{-0.65}s = 1.087(90+6)^{-0.65}(6) = 0.336\text{mm} \ (\leq 0.17s = 0.17(6) = 1.02\text{mm})$$

14mm 필릿용접부 :

$$\Delta_u = 1.087(\theta+6)^{-0.65}s = 1.087(90+6)^{-0.65}(14) = 0.783\text{mm} \ (\leq 0.17s = 0.17(14) = 2.38\text{mm})$$

- 하중각도와 필릿용접치수를 고려한 용접부의 최대응력에서의 변형

6mm 필릿용접부 :

$$\Delta_m = 0.209(\theta+2)^{-0.32}s = 0.209(90+2)^{-0.32}(6) = 0.295\text{ mm}$$

14mm 필릿용접부 :

$$\Delta_m = 0.209(\theta+2)^{-0.32}s = 0.209(90+2)^{-0.32}(14) = 0.688\text{ mm}$$

6mm 필릿용접부가 먼저 변형한계에 도달하므로, 다음과 같이 용접군 내의 14mm 필릿용접부의 최대강도는 6mm 필릿용접부의 극한(파단)응력에서의 변형을 기초로 하여 구한다.

① 6mm 필릿용접부의 공칭강도

$$p = 1.0$$

$$\begin{aligned}\eta_{eff} &= (1.0+0.5\sin^{1.5}\theta)[p(1.9-0.9p)]^{0.3}\\ &= 1.5[1.0(1.9-0.9\times1.0)]^{0.3}\\ &= 1.5\end{aligned}$$

$$F_{nw} = 0.6F_w(1.5) = 0.6(490)(1.5) = 441\ \text{N/mm}^2$$

② 변형접합성을 고려한 14mm 필릿용접부의 공칭강도

$$p = \Delta_{u(6\text{mm})}/\Delta_{m(14\text{mm})} = 0.336/0.688 = 0.488$$

$$\begin{aligned}\eta_{eff} &= (1.0+0.5\sin^{1.5}\theta)[p(1.9-0.9p)]^{0.3}\\ &= 1.5[0.488(1.9-0.9\times0.488)]^{0.3}\\ &= 1.5(0.903)\\ &= 1.355\end{aligned}$$

$$F_{nw} = 0.6F_w(1.355) = 0.6(490)(1.355) = 398\text{N/mm}^2$$

③ 변형접합성을 고려한 용접군의 최대설계하중

앞의 변형접합성을 고려한 각 용접요소의 공칭강도를 사용한 용접군의 최대설계하중은 다음과 같이 구할 수 있다.

$$\begin{aligned}P_u &= \phi R_n\\ &= \phi F_{nw}A_{we}\\ &= \phi F_{nw}l_w s/\sqrt{2}\\ &= 0.75[441(120)(6/\sqrt{2})+398(120)(14/\sqrt{2})]\times10^{-3}\\ &= 0.75(697)\\ &= 523\text{kN}\end{aligned}$$

(4) 비교

설계강도 산정 방법	P_u(kN)	강도비	차이
(1) 하중각도의 영향을 고려하지 않은 경우	374	0.72	−28.0%
(2) 하중각도의 영향만 고려하고 변형적합성은 고려하지 않은 경우	561	1.07	+7.0%
(3) 하중각도의 영향과 변형적합성을 모두 고려한 경우	523	비교기준	±0.0%

위 표에서 (2)의 강도는 변형적합성을 고려하지 않았으므로 기준에 적합하지 않은 설계강도이다.

▌예제 2.2.3▐ 중심하중을 받는 필릿용접군(0°와 90°의 요소로 구성)의 최대설계하중

다음 그림과 같이 필릿용접군에 중심하중이 작용할 때, 용접군의 설계전단강도까지 도달하는 최대중심하중 P_u를 구하시오. 단 용접군의 필릿용접치수 s는 10(=D)mm, 각 용접길이 L_w는 120mm이고 용접재의 인장강도는 490MPa이다.

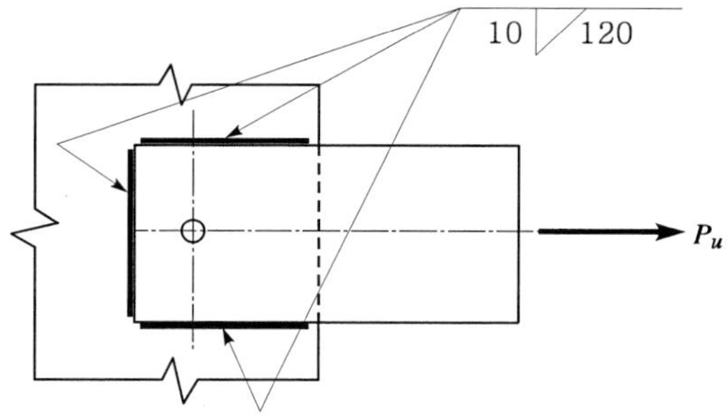

▌풀이

(1) 필릿용접치수 s=10mm에 대한 단위길이(mm) 당 기본 설계전단강도

$$\begin{aligned}\phi R_n &= \phi F_{nw} A_{we} \\ &= 0.75(0.6F_w)(s/\sqrt{2})\times 10^{-3} \\ &= 0.75(0.6\times 490)(10/\sqrt{2})\times 10^{-3} \\ &= 1.56\ \text{kN/mm}\end{aligned}$$

필릿용접군이 중심하중을 받고 하중의 방향에 대해 종방향 및 횡방향으로 양 방향에 균일한 용접치수를 갖는 요소로 구성된 경우, 필릿용접군의 조합강도 R_n은 다음 값 중에서 큰 값으로 결정한다. 설계매뉴얼(2.2.3.2)

$$R_n = R_{nwl} + R_{nwt}$$

$$R_n = 0.85R_{nwl} + 1.5R_{nwt}$$

여기서,

R_{nwl} = 종방향하중을 받는 필릿용접의 총 공칭강도, N

R_{nwt} = 횡방향하중을 받는 필릿용접의 총 공칭강도, N

(2) 길이방향 및 횡방향의 용접부에 대한 기본설계강도

$$\begin{aligned}P_u &= \phi R_n = \phi R_{nwl} + \phi R_{nwt} \\ &= 1.56(120+120+120) \\ &= 562\text{kN}\end{aligned}$$

(예제 2.2.1과 같이 용접부 유효길이로 실제 용접부 길이를 적용하였다.)

(3) 길이방향 용접부의 기본설계강도에 0.85배와 횡방향 용접부의 기본설계강도에 1.5배를 합한 강도

$$\begin{aligned}P_u &= \phi R_n = 0.85\phi R_{nwl} + 1.5\phi R_{nwt} \\ &= 0.85(1.56)(120+120) + 1.5(1.56)(120) \\ &= 318 + 281 \\ &= 599\text{kN}\end{aligned}$$

(2)와 (3)에서 구한 두 값 중에서 큰 값이 최대중심하중이므로 P_u는 599kN이다.

▌예제 2.2.4▐ 중심하중을 받는 필릿용접군(0°, 45°, 90°의 요소로 구성)의 최대설계하중

다음 그림과 같이 필릿용접군에 중심하중이 작용할 때, 도움표를 이용하여 용접군의 설계전단강도까지 도달하는 최대중심하중 P_u를 구하시오. 단 용접군의 필릿용접치수 s(=D)는 10mm, 용접길이 L_w는 120mm이고 용접재의 인장강도는 620MPa이다.

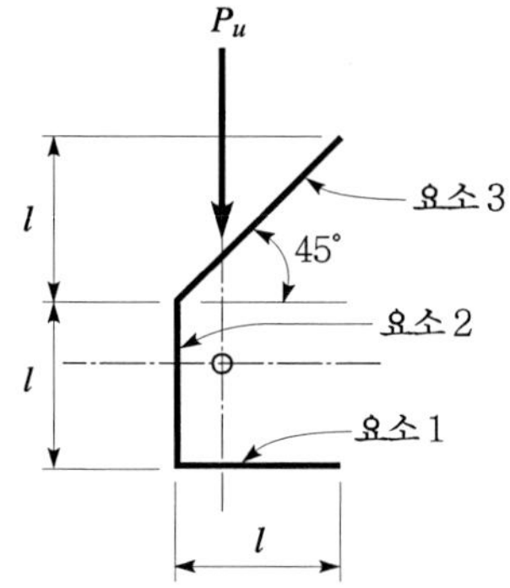

▌풀이

용접치수가 균일한 용접군이 중심하중을 받으므로 도움표 2.2.8로부터 각 각도에 대한 요소강도계수 C_i를 구하고, 용접재의 인장강도가 490MPa가 아니므로 도움표 2.2.7에서 용접재 인장강도 620MPa에 대한 용접재 강도계수 C_1을 찾아서 최대중심하중을 구할 수 있다.

(1) 강도계수 C_i

용접군의 중심하중에 대해 용접요소 1은 90°, 용접요소 2는 0°, 용접요소 3은 45°에 있다. 따라서 다음과 같이 도움표 2.2.8에서 3개의 용접요소 중에서 하중방향에 대해 가장 큰 각도인 90° 칸에서 각 요소의 각도에 해당하는 요소강도계수 C_i를 읽는다.

요소 1 : 하중방향에 대해 90°에 있으므로 1.5이다.
요소 2 : 하중방향에 대해 0°에 있으므로 0.825이다.
요소 3 : 하중방향애 대해 45°에 있으므로 1.29이다.

(2) 용접재 강도계수 C_1

사용하고자 하는 용접재의 인장강도가 620MPa이므로 도움표 2.2.7에서 C_1은 1.14이다.

(3) 각 용접요소의 길이 l_i

요소 1 : l_1=120mm
요소 2 : l_2=120mm
요소 3 : l_3=1.414(120)=170mm

(4) 최대중심하중

$$P_u = \phi R_n = 0.156DC_1\sum_{i=1}^{n} C_i l_i$$ 설계매뉴얼 식(2.2.9-2)

$$= 0.156(10)(1.14)[1.5(120) + 0.825(120) + 1.29(170)]$$
$$= 320 + 176 + 390$$
$$= 886\text{kN}$$

▌예제 2.2.5 ▌ 소성회전중심법에 따른 도움표에 의한 편심하중(0° 및 75° 하중방향)을 받는 ㄷ용접군의 최대설계하중

다음 그림과 같이 ㄷ형용접군의 우측에 편심하중이 수직방향으로 작용할 때와 75° 각도 방향으로 작용할 때, 도움표를 이용하여 소성회전중심법으로 용접군의 설계전단강도까지 도달하는 최대 편심하중 P_u를 각각 구하시오. 단 용접군의 필릿용접치수 s(=D)는 10mm이고 용접재의 인장강도는 490MPa이다.

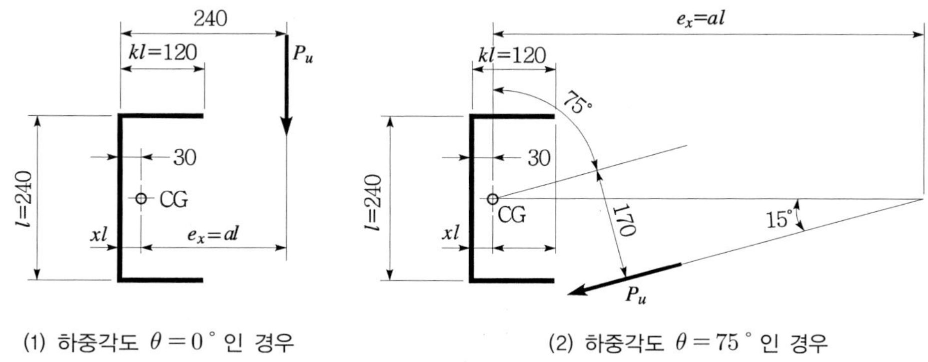

▌풀이

(1) 하중각도 $\theta=0°$ 인 경우 최대 편심하중

$l=240\text{mm}$

$kl=120\text{mm}$

$k=\dfrac{kl}{l}=\dfrac{120}{240}=0.500$

$xl=\dfrac{(kl)^2}{2(kl)+l}=\dfrac{(120)^2}{2(120)+240}=30\text{mm}$

$xl+al=240\text{mm}$

$30+a(240)=240$

$a=(240-30)/240=0.875$

용접군의 형태가 ㄷ이고 우측 하중의 각도가 $\theta=0°$이므로 도움표 2.2.9-5(0°)를 이용한다. $k=0.5$(또는 $x=0.125$)의 열에서 a가 0.8일 때와 0.9일 때의 두 C값 0.226과 0.205를 읽어 a가 0.875일 때의 C 값을 직선보간법으로 구한다.

$C=0.226-(0.226-0.205)(0.875-0.8)/(0.9-0.8)=0.210$

$\phi=0.75$

$P_u=\phi R_n=\phi CC_1Dl$

$=0.75(0.210)(1.0)(10)(240)$

$=378\text{kN}$

(2) 하중각도 $\theta=75°$ 인 경우 최대 편심하중

앞의 풀이에서 구한 바와 같이 $k=0.500$, $xl=30\text{mm}$이다.

$e_x=al=170/\sin 15°=170/0.257=657\text{mm}$

$a=e_x/l=657/240=2.737$

용접군의 형태가 ㄷ형이고 우측 하중의 각도가 $\theta = 75°$ 이므로 도움표 2.2.9-5(75°)를 이용한다. $k = 0.5$의 열에서 a가 2.6일 때와 2.8일 때의 두 C값 0.228과 0.217을 읽어 a가 2.737일 때의 C값을 직선보간법으로 구한다.

$$C = 0.228 - (0.228 - 0.217)(2.737 - 2.6)/(2.8 - 2.6) = 0.220$$

$$\phi = 0.75$$

$$\begin{aligned} P_u &= \phi R_n = \phi C C_1 D l \\ &= 0.75(0.220)(1.0)(10)(240) \\ &= 396\text{kN} \end{aligned}$$

▌예제 2.2.6▌ 소성회전중심법에 따른 도움표에 의한 편심하중(0° 및 75° 하중방향)을 받는 ㄷ용접군의 필릿용접사이즈

다음 그림과 같이 ㄷ형용접군의 우측에 편심하중이 수직방향으로 P_u =380kN 작용할 때와 75° 방향으로 P_u = 400kN 작용할 때, 도움표를 이용하여 소성회전중심법으로 용접군의 필릿용접사이즈 s(=D)를 각각 구하시오. 단, 용접재의 인장강도는 490MPa이다.

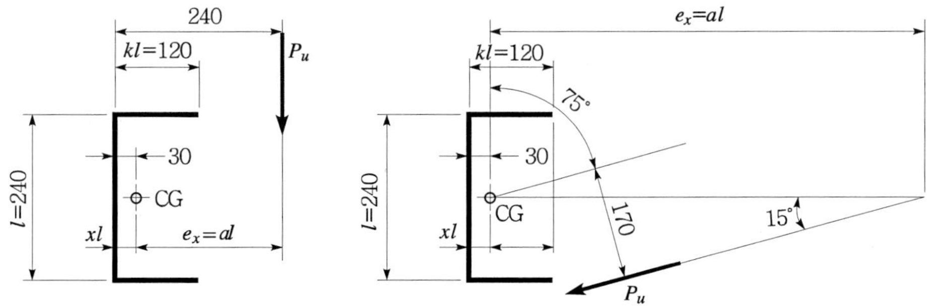

(1) 하중각도 $\theta=0^\circ$ 인 경우　　(2) 하중각도 $\theta=75^\circ$ 인 경우

▌풀이

(1) 편심하중 P_u = 380kN이 $\theta=0^\circ$ 로 작용하는 경우

$$l=240\text{mm}$$
$$kl=120\text{mm}$$
$$k=\frac{kl}{l}=\frac{120}{240}=0.500$$
$$xl=\frac{(kl)^2}{2(kl)+l}=\frac{(120)^2}{2(120)+240}=30\text{mm}$$
$$xl+al=240\text{mm}$$
$$30+a(240)=240\text{mm}$$
$$a=(240-30)/240=0.875$$

용접군의 형태가 ㄷ형이고 우측 하중의 각도가 $\theta=0^\circ$ 이므로 도움표 2.2.9-5(0°)를 이용한다. $k=0.5$(또는 $x=0.125$)의 열에서 a가 0.8일 때와 0.9일 때의 두 C 값 0.226과 0.205를 읽어 a가 0.875일 때의 C 값을 직선보간법으로 구한다.

$$C=0.226-(0.226-0.205)(0.875-0.8)/(0.9-0.8)=0.210$$
$$D=\frac{P_u}{\phi CC_1 l}$$
$$=\frac{380}{0.75(0.210)(1.0)(240)}$$
$$=10\text{mm}$$

(2) 편심하중 P_u = 400kN이 $\theta = 75°$ 로 작용하는 경우

앞의 풀이에서 구한 바와 같이 $k = 0.500$, $xl = 30$mm이다.

$$e_x = al = 170/\sin 15° = 170/0.257 = 657\text{mm}$$

$$a = e_x/l = 657/240 = 2.737$$

용접군의 형태가 ㄷ형이고 우측 하중의 각도가 $\theta = 75°$ 이므로 도움표 2.2.9-5(75°)를 이용한다. $k = 0.5$ (또는 $x = 0.125$)의 열에서 a가 2.6일 때와 2.8일 때의 두 C 값 0.228과 0.217을 읽어 a가 2.737일 때의 C 값을 직선보간법으로 구한다.

$$C = 0.228 - (0.228 - 0.217)(2.737 - 2.6)/(2.8 - 2.6) = 0.220$$

$$D = \frac{P_u}{\phi C C_1 l}$$

$$= \frac{400}{0.75(0.220)(1.0)(240)}$$

$$= 10\text{mm}$$

▌예제 2.2.7▐ 탄성해석법에 의한 편심하중(0° 하중방향)을 받는 ㄷ용접군의 최대설계하중

다음 그림과 같이 ㄷ형필릿용접군의 우측에 편심하중이 수직방향으로 작용할 때, 용접군의 설계전단강도까지 도달하는 최대 편심하중 P_u를 탄성해석법으로 구하고 예제 2.2.6의 (1)과 비교하시오. 단 용접군의 필릿용접치수 s(=D)는 10mm이고, 용접재의 인장강도는 490MPa이다.

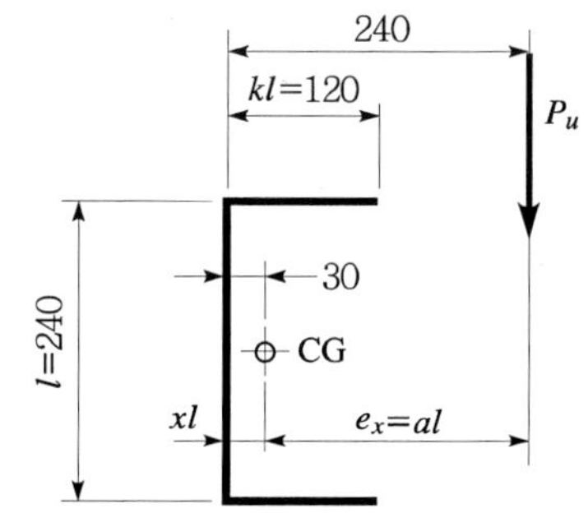

▌풀이

위 그림의 ㄷ형필릿용접군에서 작용하는 편심하중은 용접군의 중심(CG)을 통하여 작용하는 전단력 P_u와 편심모멘트 $P_u e$로 분리할 수 있다. 여기서 e는 편심이다. 각 용접부요소들은 직접 전단력 P_u를 균등하게 분담하여 저항하고, 편심모멘트 $P_u e$는 중심 CG로부터 각 요소까지의 거리에 비례하여 분담한다고 가정한다. 이들 힘의 벡터합력 r_u로 용접부의 소요강도를 계산한다. (설계매뉴얼 2.2.7.1(2) 참조)

(1) 용접부의 단위길이 당 직접전단력

$r_{pux} = 0$ 　　설계매뉴얼 식(2.2.7-3)

$r_{puy} = \dfrac{P_u}{\Sigma l_i} = \dfrac{P_u}{240+120+120} = 0.00208 P_u$ 　　설계매뉴얼 식(2.2.7-3)

(2) 용접군의 극단면2차모멘트

편심에 의한 추가 전단력을 구하기 위하여 극단면2차모멘트를 구한다.

$$I_x = \frac{l^3}{12} + 2(kl)(y^2)$$
$$= \frac{240^3}{12} + 2(120)(120)^2$$
$$= 4{,}608{,}000\ \text{mm}^4$$
$$I_y = \frac{2(kl)^3}{12} + 2(kl)\left(\frac{kl}{2} - xl\right)^2 + l(xl)^2$$
$$= \frac{2(120)^3}{12} + 2(120)\left(\frac{120}{2} - 30\right)^2 + 240(30)^2$$
$$= 720{,}000\text{mm}^4$$

$$I_p = I_x + I_y$$
$$= 4{,}608{,}000 + 720{,}000$$
$$= 5{,}328{,}000 \text{ mm}^4$$

(3) 편심에 의한 추가 전단력

$$r_{mux} = \frac{P_u e c_y}{I_p}$$ 설계매뉴얼 식(2.2.7-5)
$$= \frac{P_u(210)(120)}{5{,}328{,}000}$$
$$= 0.00473 P_u/\text{mm}$$
$$r_{muy} = \frac{P_u e c_x}{I_p}$$ 설계매뉴얼 식(2.2.7-6)
$$= \frac{P_u(210)(90)}{5{,}328{,}000}$$
$$= 0.00355 P_u/\text{mm}$$

(4) 최대전단력

$$r_u = \sqrt{(r_{pux} + r_{mux})^2 + (r_{puy} + r_{muy})^2}$$ 설계매뉴얼 식(2.2.7-7)
$$= \sqrt{(0 + 0.00473)^2 + (0.00208 + 0.00355)^2}$$
$$= 0.00735 P_u/\text{mm}$$

(5) 최대편심하중

최대편심하중은 $r_u = 0.00735 P_u \le \phi r_n$의 제한조건으로부터 유도한 다음 식으로 구할 수 있다.

$$P_u \le \frac{\phi r_n}{0.00735}$$

단위길이(mm) 당 D=10mm 필릿용접의 설계강도

$$\phi r_n = 0.75(F_{nw})(D/\sqrt{2})$$

2.3 접합요소

접합요소란 하나의 구조부재로부터 다른 구조부재로 하중을 전달하기 위해서 사용하는 접합요소(ㄱ형강, T형강, 거셋 플레이트, 연결판 등)와 이에 영향을 받는 구조부재의 요소(보의 웨브와 플랜지, 기둥의 웨브와 플랜지 등)를 말한다.

(1) 전단을 받는 접합요소

전단항복과 전단파단에 대한 설계강도 ϕR_n은 소요전단강도 R_u이상이어야 하며, 기준 4.7.4.2에 따라 산정한다.

(2) 인장을 받는 접합요소

인장항복과 인장파단에 대한 설계강도 ϕR_n은 소요전단강도 R_u이상이어야 하며, 기준 4.7.4.1에 따라 산정한다.

(3) 접합요소의 블록전단파단

블록전단파단에 대한 설계강도 ϕR_n은 소요전단강도 R_u이상이어야 하며 기준 4.7.4.3(블록전단강도)에 따라 산정한다.

(4) 용접부에서의 접합요소 파단강도

대부분의 경우에 용접부로부터 접합요소까지의 하중경로는 접합요소의 강도를 직접 계산할 수 있지만 어떤 경우에는 접합요소의 설계강도를 직접 계산할 수 없다. 그런 경우에는 일반적으로 모재의 설계전단파단강도가 용접부의 설계전단파단강도와 대등하도록 모재의 최소두께를 산정하는 편이 편리하다.

(5) 압축을 받는 접합요소의 항복과 좌굴

접합요소가 압축을 받을 때 설계강도 ϕP_n은 소요압축강도 P_u이상이어야 하며, $KL/r \le 25$인 경우에는 기준 4.7.4.4규정에 따라 산정할 수 있다. $KL/r > 25$인 경우에는 4.2(압축재)규정에 따라 압축강도를 산정한다.

(6) 휨을 받는 부재의 접합부와 접합요소

접합요소는 일반적으로 충분히 짧고 두꺼워서 휨 작용이 있다하더라도 설계에는 거의 영향을 미치지 아니한다. 그러나 접합요소가 길고 얇은 경우 휨의 영향을 고려하여야 한다. 휨의 영향을 고려 할 때는 기준 4.3(휨부재)의 규정에 따라 항복, 휨-비틀림좌굴 및 국부좌굴, 파단 등을 고려하여 설계강도를 산정하여야 한다.

다음의 예제들은 「강구조 접합부 설계매뉴얼 (2021)」의 2.3 접합요소에 대한 예제를 다루고 있다. 접합요소는 다른 장,절에서도 다루고 있다. 예를 들어, 볼트구멍에 대한 단면산정은 모든 볼트접합부에서 검토되고 있으며, 단부를 따낸 H형강 보에 대한 예제들은 3.1절의 단순접합부의 예제(3.1.4, 3.1.5, 3.1.6, 3.1.7, 3.1.9, 3.1.10, 3.1.16 및 3.1.18)에서, 보의 단부에서 지압에 대한 검토는 3.1절의 받침접합부에서 다루고 있다.

접합요소의 설계 예제는 총 7개로, H형강보의 전단이음과, 따낸보의 단부를 설계하는 예제들로 구성하였다. 이 예제들은 실무에서 일반적으로 적용하는 상세는 제외하였고 특수한 경우의 해결방법에 대한 설계예제를 다루고 있다.

[예제 2.3.1] H형강보의 전단이음(이음판, 볼트/용접부)
[예제 2.3.2] 상부플랜지를 따낸보의 단부 설계
[예제 2.3.3] 상부플랜지를 따낸보의 단부 설계(대안 단면 선정)
[예제 2.3.4] 상부플랜지를 따낸보의 단부 설계(덧판 보강)
[예제 2.3.5] 상부플랜지를 따낸보의 종방향 보강(스티프너 보강)
[예제 2.3.6] 상·하부 플랜지를 모두 따낸보의 단부 설계
[예제 2.3.7] 상·하부 플랜지의 따낸 길이가 다른 보의 단부 설계

접합요소의 설계 및 제작과 관련된 설계도움표는 「강구조 접합부 설계매뉴얼 (2021)」에 수록되어 있으며 예제에서 이용하는 설계도움표 목록은 다음과 같다.

[도움표 2.1.1] 볼트의 설계전단강도, ϕr_n(kN)
[도움표 2.1.4] 볼트구멍의 판두께당 설계지압강도(kN/mm) - 볼트간격 별
[도움표 2.1.5] 볼트구멍의 판두께당 설계지압강도(kN/mm) - 연단간격 별
[도움표 2.2.7] 용접재 강도계수, C_1
[도움표 2.2.9-5] 편심하중을 받는 용접군의 계수, C (하중각도=0°)
[도움표 2.3.2] 따낸(Coped) H형강보의 탄성단면계수
[도움표 2.3.3a] 블록전단 : 인장파단요소(연단거리별)
[도움표 2.3.3b] 블록전단 : 전단항복요소(S=75mm)
[도움표 2.3.3c] 블록전단 : 전단파단요소(S=75mm)

▎예제 2.3.1▎ H형강보의 전단이음(이음판, 볼트/용접부)

다음의 단부반력을 전달할 수 있도록 보(H−396×199×7×11)와 보(H−400×200×8×13)사이의 단일판 전단접합부를 설계하시오.

$R_D = 40\text{kN}$, $R_L = 120\text{kN}$

H−400×200 보와의 접합에는 표준구멍의 KS F10T−N, M20 볼트를 사용하고, H−396×199 보와의 접합에는 필릿용접($F_w = 490\text{MPa}$)을 사용한다. 볼트의 전단면은 나사부 내(N)에 있다.

재질 및 치수

보; KS SHN355, $F_y = 355\text{MPa}$, $F_u = 490\text{MPa}$

판; KS SM355, $F_y = 355\text{MPa}$, $F_u = 490\text{MPa}$

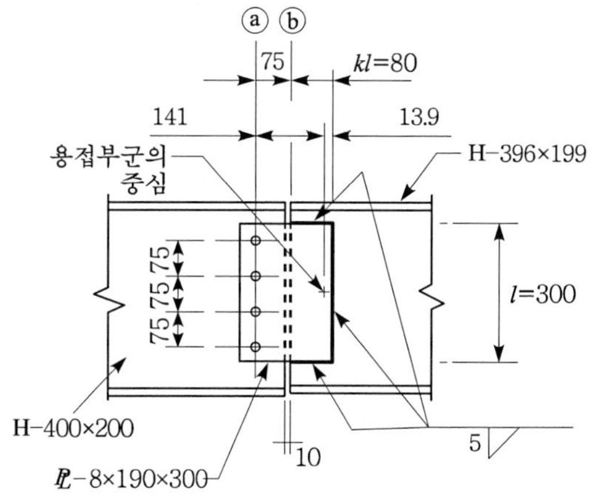

〈 H형강보의 전단이음(이음판, 볼트/용접부) 〉

▎풀이

1. 설계 하중

$R_u = 1.2(40) + 1.6(120) = 240\text{kN}$

2. 용접부 설계

이음부가 볼트와 용접으로 비대칭인 경우, 용접군 쪽의 강성이 크므로 편심 전단에 의한 전체 모멘트는 용접군이 받도록 설계한다.

이음판 가정; PL−8×190×300

(1) 용접군의 계수

$kl = 80$, $l = 300$, $k = 80/300 = 0.267$

$$xl = \frac{(kl)^2}{2(kl)+l} = \frac{80^2}{2(80)+300} = 13.9\text{mm}$$

$al = (75 + 80 - xl) = 141\text{mm}$

$a = al/l = 141/300 = 0.470$

용접재의 강도가 $F_w = 490\text{MPa}$이므로 $C_1 = 1.0$(도움표 2.2.7)이며, 용접군의 형태가 ㄷ이고 하중의 각도가 $\theta = 0^\circ$ 이므로 도움표 2.2.9−5(0°)를 이용한다. $k = 0.2$의 열에서 a가 0.4일 때와 0.5일 때의 각 C값 0.232와 0.2를 읽고, $k = 0.3$의 열에서 a가 0.4일 때와 0.5일 때의 각 C값 0.274과 0.24를 읽어서 $k = 0.267$, $a = 0.47$일 때의 C 값을 직선보간법으로 구한다.

$k = 0.2$이고 $a = 0.47$일 때, $C = 0.232 + (0.232 - 0.2)(0.47 - 0.4)/(0.4 - 0.5) = 0.210$

$k = 0.3$이고 $a = 0.47$일 때, $C = 0.274 + (0.274 - 0.24)(0.47 - 0.4)/(0.4 - 0.5) = 0.250$

$k = 0.267$이고 $a = 0.47$일 때, $C = 0.210 + (0.210 - 0.250)(0.267 - 0.2)/(0.2 - 0.3) = 0.237$

$\therefore\ C = 0.237$

(2) 소요 필릿용접부 사이즈 및 용접부 강도

$$s_{req'd} = \frac{P_u}{\phi C C_1 l} = \frac{240}{0.75(0.237)(1.0)(300)} = 4.5\,\text{mm} \Rightarrow \quad s = 5\text{mm}$$

필릿용접부 치수 제한 검토

최소 용접부 사이즈 ; $t_w = 7\text{mm}$, $s_{\min} = 5\text{mm} \le s = 5\text{mm}$ 적합 기준 표 4.7-6

최대 용접부 사이즈 ; $t_p = 8\text{mm}$. $s_{\max} = t_p - 2 = 8 - 2 = 6\text{mm} \ge s = 5.0\text{mm}$ 적합. 기준 4.7.2.3(2)②

$$\phi R_n = \phi C C_1 s\, l = 0.75(0.237)(1.0)(5)(300) = 267\text{kN} > R_u = 240\text{kN} \quad \text{적합.}$$

3. 용접부에 의한 보(H-396×199)웨브의 전단파단 검토;

접합부(접합요소)의 1면용접(용접재 $F_w = 490\text{MPa}$)에 의한 필릿용접부의 설계 전단파단강도와 모재금속의 설계 전단파단강도가 대등하기 위한 소요두께 검토

$$t_{\min} = \frac{346.5(s)}{F_u} = \frac{346.5(5)}{490} = 3.54\,\text{mm} < t_w = 7\,\text{mm} \text{적합}$$ 설계매뉴얼 식(2.3.7-1)

4. 볼트군의 설계;

용접부가 전체 편심모멘트에 대하여 설계되었으므로 볼트군은 전단력만으로 설계한다.

(1) 볼트전단; KS F10T-N, M20 볼트

$\phi r_n = 94.2\text{kN/개}$ 도움표 2.1.1

(2) 볼트지압; M20

① 판(두께 8mm)의 연단거리에 대한 검토; 연단거리 $L_e = L_{ev} = 37.5\text{mm}$, $F_u = 490\text{MPa}$

$L_{ev} = 30\text{mm}$일 때 8.38kN/mm 도움표 2.1.5

$L_{ev} = 50\text{mm}$일 때 17.2kN/mm이므로 $L_{ev} = 37.5\text{mm}$일 경우 직선보간하면,

$$8.38 + (17.2 - 8.38)(37.5 - 30)/(50 - 30) = 11.7\text{kN/mm}$$

$\phi r_n =$ 이음판두께×설계지압강도$= t_p(11.7) = 8(11.7) = 93.6\text{kN}$

② 판(두께 8mm) $F_u = 490\text{MPa}$의 볼트간격(75mm)에 대한 지압검토;

$\phi r_n = 17.6(8) = 141\text{kN/개}$ 도움표 2.1.4

볼트전단 > 볼트지압이므로 볼트의 지압강도가 지배

$$n_b = \frac{240}{93.6} = 2.56\text{개}$$

∴ F10T-N, 4-M20 볼트 사용

$\phi R_n = 93.6(4) = 374\,\text{kN} > R_u = 240\,\text{kN}$ 적합

5. 이음판의 검토; PL-8×190×300

(1) 판의 설계 모멘트 산정; $e = al = 141\text{mm}$

$$M_u = R_u \cdot e = 240(141)(10^{-3}) = 33.8\text{kN.m}$$

(2) 판의 휨항복 검토;

$\phi M_n = \phi F_y \cdot Z_x, \quad \phi = 0.9$ 기준식(4.3-2)

$$= 0.9(355)\left[\frac{(8)(300)^2}{4}\right](10^{-6}) = 57.5\,\text{kN.m} > 33.8\,\text{kN.m} \quad \text{적합.}$$

(3) 판의 휨파단 검토; $n_b=4$개, M20, $d_h=22$, $L_{ev}=s/2=37.5$mm이므로,

$$\text{순소성단면계수, } Z_{net}^{1)}=\left[\frac{t_p(sn_b)^2}{4}\right]\left(1-\frac{d_h}{s}\right)$$

$$=\left[\frac{8(75\times 4)^2}{4}\right]\left(1-\frac{22}{75}\right)=127{,}000\text{mm}^3$$

$\phi M_n=\phi F_u\cdot Z_{net}$, $\phi=0.75$

$=0.75(490)(127{,}000)(10^{-6})=46.7\text{kN.m} > M_u=33.8\text{kN.m}$ 적합.

주 1) Z_{net} : 순소성단면계수 산정식은 KBC2016 H형강 접합부 설계매뉴얼 식(3.6.2-2a)(p.891) 참조.

(4) 판의 전단항복 검토;

$\phi R_n=\phi 0.6F_yA_g$, $\phi=1.0$ 기준식(4.7-15)

$=1.0(0.6)(355)(300)(8)(10^{-3})=511\text{kN} > 240\text{kN}$ 적합.

(5) 판의 전단파단 검토; $t_p=8$mm, M20 볼트구멍 공제; $d_h=22$

$\phi R_n=\phi 0.6F_uA_n$, $\phi=0.75$ 기준식(4.7-16)

$=0.75(0.6)(490)[300-4(22)](8)(10^{-3})$

$=374\text{kN} > 240\text{kN}$ 적합.

(6) 판의 블록전단파단 검토; 1열볼트: $U_{bs}=1.0$, $L_{ev}=37.5$mm, $L_{eh}=35$mm

$\phi R_n=\phi U_{bs}F_uA_{nt}+Min.[\phi 0.6F_yA_{gv},\ \phi 0.6F_uA_{nv}]$ 기준식(4.7-17)

① 인장파단 요소; $L_{eh}=35$mm, M20

$\phi F_uA_{nt}=8.82t_p\text{kN}$ 도움표 2.3.3a

② 전단항복 요소; $n_b=4$개, $L_{ev}=37.5$mm, $F_y=355$MPa

$L_{ev}=35$mm일 때 41.5kN/mm

$L_{ev}=40$mm일 때 42.3kN/mm이므로 $L_{ev}=37.5$mm일 경우 직선보간하면, $(41.5+42.3)/2=41.9$kN/mm

$\phi 0.6F_yA_{gv}=t_p(41.9)=41.9t_p\text{kN}$ 도움표 2.3.3b

③ 전단파단 요소; $n_b=4$개, $L_{ev}=37.5$mm

$L_{ev}=35$mm일 때 40.4kN/mm

$L_{ev}=40$mm일 때 41.5kN/mm이므로 $L_{ev}=37.5$mm일 경우 직선보간하면,

단위두께당 전단파단강도는 $(40.4+41.5)/2=41.0$kN/mm

$\phi 0.6F_uA_{nv}=t_p(41.0)=41.0t_p\text{kN} < 41.9t_p\text{kN}$ ∴ 전단파단 지배 도움표 2.3.3c

$\phi R_n=8.82t_p+\text{Min.}[41.9t_p,\ 41.0t_p]=(8.82+41.0)t_p=49.8(8)=398\text{kN} > R_u=240\text{kN}$ 적합.

설계요약 :

이음판; PL-8t×190L×300h

볼　트; KS F10T-N, 4-M20, 표준구멍

용접부; $kl=80$mm, $l=300$mm, $L_w=460$mm, $s=5$mm(필릿용접사이즈)

❙ 예제 2.3.2 ❙ 상부플랜지를 따낸보의 단부 설계

단순보의 단부에서 상부플랜지를 깊이 $d_c = 200\text{mm}$, 길이 $c = 215\text{mm}$로 따낸 경우, 한계상태의 휨항복과 국부좌굴을 고려하여 따낸 단면의 설계강도를 구하시오.

재질 및 치수;

보 단면; H-500×200×10×16, KS SHN355,

$F_y = 355\text{MPa}$, $F_u = 490\text{MPa}$

따낸 치수; $d_c = 200\text{mm}$, $c = 215\text{mm}$, $h_0 = d - d_c = 300\text{mm}$

편심 거리; $e = 215 + 10 = 225\text{mm}$

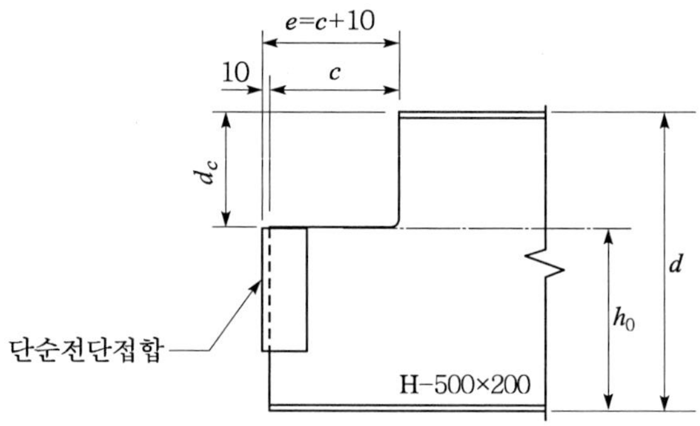

〈 상부플랜지를 따낸보 〉

❙ 풀이

1. 휨항복과 휨국부좌굴 검토; 설계매뉴얼(2.3.9.3) 따낸보, 설계매뉴얼 식(2.3.9.3-3) 참조

(1) 설계상수 검토

$c \le 2d$의 확인 ; $c = 215 \le 2(500) = 1{,}000\text{mm}$ 적합.

$d_c \le d/2$의 확인 ; $d_c = 200\text{mm} \le 500/2 = 250\text{mm}$ 적합.

$c/d = 215/500 = 0.43$, $c/h_0 = 215/300 = 0.717$

$c/d \le 1.0$이므로 $f = 2(c/d) = 2(0.43) = 0.86$

$c/h_0 \le 1.0$이므로 $k = 2.2(h_0/c)^{1.65} = 2.2(1/0.717)^{1.65} = 3.81$

(2) 상부플랜지만 따낸보의 한계좌굴응력

$$F_{cr} = \frac{\pi^2 E}{12(1-\nu^2)}\left(\frac{t_w}{h_0}\right)^2 fk \le F_y \text{ , } (E = 210{,}000\text{MPa}, \nu = 0.3) \qquad \text{설계매뉴얼 식(2.3.9.3-3)}$$

$= 190{,}000(t_w/h_0)^2 \cdot f \cdot k$

$= 190{,}000(10/300)^2(0.86)(3.81)$

$= 692\text{MPa} \le F_y \quad \therefore F_{cr} = F_y = 355\text{MPa}$ 사용

상부플랜지만을 따낸보의 S_{net}값은 도움표 2.3.2로부터 $d_c = 200\text{mm}$일 때 $S_{net} = 240 \times 10^3\text{mm}^3$

$R_n = \dfrac{F_{cr}}{e} \cdot S_{net} = 355(240)/225 = 379\text{kN}$, $\phi = 0.9$

$\phi R_n = 0.9(379) = 341\text{kN}$

2. 보 웨브의 전단항복 검토; $\phi = 1.0$

$\phi R_n = \phi 0.6 F_y A_g = 1.0(0.6)(355)(10)(300)/10^3 = 639\text{kN}$ 기준식(4.7-15)

3. 보 웨브의 전단파단 검토; $\phi = 0.75$

$\phi R_n = \phi 0.6 F_u A_{nv} = 0.75(0.6)(490)(10)(300)/10^3 = 662\text{kN}$ 기준식(4.7-16)

검토결과 :

따낸보 단면의 설계강도는 휨국부좌굴에 의해 결정되었음.

$e = 225\text{mm}$일 때 설계강도는 $\phi R_n = 341\text{kN}$

▌예제 2.3.3▐ 상부플랜지를 따낸보의 단부 설계(대안 단면 선정)

보의 상부플랜지를 깊이 $d_c = 200\text{mm}$, 길이 $c = 215\text{mm}$로 따낸 보의 단부반력이 아래와 같을 때, 따낸 단면을 검토하고, 단부 보강이 요구되지 않는 대안 단면을 선정하시오.

$R_D = 75\text{kN}$, $R_L = 225\text{kN}$

단, 편심거리는 $e = 225\text{mm}$로 가정한다.

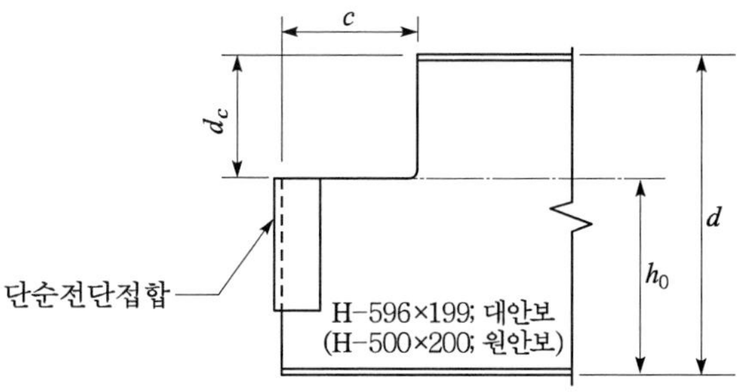

〈 상부플랜지를 따낸보(대안 단면) 〉

재질 및 치수;

원안 보 단면; H-500×200×10×16, KS SHN355, $F_y = 355\text{MPa}$, $F_u = 490\text{MPa}$

대안 보 단면; H-596×199×10×15, KS SHN355, $F_y = 355\text{MPa}$, $F_u = 490\text{MPa}$

따낸 치수; $d_c = 200\text{mm}$, $c = 215\text{mm}$

편심 거리; $e = 215 + 10 = 225\text{mm}$

▌풀이

1. 설계하중;

$R_u = 1.2(75) + 1.6(225) = 450\text{kN}$

2. 국부 좌굴에 의한 소요단면계수 $S_{req'd}$ 산정;

$$S_{req'd} = \frac{R_u \cdot e}{\phi F_y} = \frac{(450)(10^3)(225)}{0.90(355)}$$

$= 317 \times 10^3\text{mm}^3 > \ S_{net} = 240 \times 10^3\text{mm}^3$, 부적합. (H-500×200, $d_c = 200\text{mm}$) 도움표 2.3.2

따냄($d_c = 200\text{mm}$, $c = 215\text{mm}$, $e = 225\text{mm}$) H-500×200×10×16 보의 $S_{net} = 240 \times 10^3 < S_{req'd}$

따라서, 보 웨브를 보강하지 않을 경우 대안 단면이 필요함.

도움표 2.3.2 (따낸 H형강보의 단면계수)로부터 $d_c = 200$일 때;

H-596×199×10×15($S_{net} = 406 \times 10^3\text{mm}^3$)를 선정하여 검토하면;

$S_{net} = 406 \times 10^3 > S_{req'd} = 317 \times 10^3$ 적합.

3. 따낸보 웨브의 항복과 국부좌굴 검토; 설계매뉴얼(2.3.9.3) 따낸보, 설계매뉴얼 식(2.3.9.3-3) 참조

대안 보; H-596×199×10×15에 대한 검토

설계상수;

$c \le 2d$ 의 확인 ; $c = 215 \le 2(596) = 1{,}190\text{mm}$ 적합.

$d_c \le d/2$ 의 확인 ; $d_c = 200\text{mm} \le 596/2 = 298\text{mm}$ 적합.

$c/d = 215/596 = 0.361$; $c/h_0 = 215/396 = 0.543$

$c/d \le 1.0$이므로 $f = 2(c/d) = 2(0.361) = 0.722$

$c/h_0 \le 1.0$이므로 $k = 2.2(h_0/c)^{1.65} = 2.2(1/0.543)^{1.65} = 6.03$

상부플랜지만 따낸보의 한계좌굴응력;

$$F_{cr} = \frac{\pi^2 E}{12(1-\nu^2)}\left(\frac{t_w}{h_0}\right)^2 fk \le F_y \ , \ (E = 210{,}000\text{MPa}, \nu = 0.3)$$

$= 190{,}000(t_w/h_0)^2 \cdot f \cdot k$ 설계매뉴얼 식(2.3.9.3-3)

$= 190{,}000(10/396)^2(0.722)(6.03)$

$= 527\text{MPa} \le F_y \qquad \therefore F_{cr} = F_y = 355\text{MPa}$ 사용

따라서

$$R_n = \frac{F_{cr}}{e} \cdot S_{net} = 355(406)/225 = 641\text{kN}, \quad \phi = 0.9$$

$\phi R_n = 0.9(641) = 577\text{kN} > R_u = 450\text{kN}$ 적합.

4. 보 웨브의 전단항복 검토; $\phi = 1.0$

$R_n = 0.6F_yA_g = 0.6(355)(10)(396)/10^3 = 843\text{kN}$ 기준식(4.7-15)

$\phi R_n = 1.0(843) = 843\text{kN} > R_u = 450\text{kN}$ 적합.

5. 보 웨브의 전단파단 검토; $\phi = 0.75$

$R_n = 0.6F_uA_{nv} = 0.6(490)(10)(396)/10^3 = 1{,}160\text{kN}$ 기준식(4.7-16)

$\phi R_n = 0.75(1{,}160) = 870\text{kN} > R_u = 450\text{kN}$ 적합.

따라서 H-596×199×10×15에서의 따냄은 적합하다.

검토결과:

H-596×199×10×15(SHN355) 단면을 사용하면 따낸 영향에 대한 별도보강이 필요 없음.

▌예제 2.3.4▐ 상부플랜지를 따낸보의 단부 설계(덧판 보강)

단순보(H−500×200)의 상부플랜지를 깊이 $d_c = 200$mm와 길이 $c = 215$mm로 따냄 할 때, 다음의 단부반력에 대하여 보의 보강에 필요한 덧판(doubler plate)을 설계하시오.

$R_D = 75$kN, $R_L = 225$kN

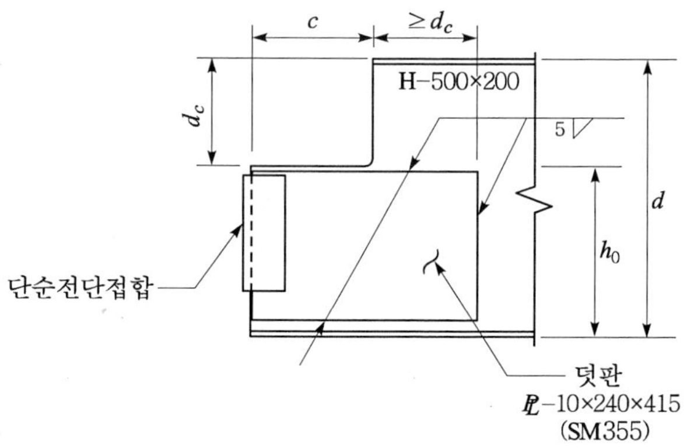

상부플랜지를 따낸보(덧판 보강)

재질 및 치수;

보 단면; H−500x200x10x16(r=20), KS SHN355, $F_y = 355$MPa, $F_u = 490$MPa

따낸 치수; $d_c = 200$mm, $c = 215$mm, $h_0 = d - d_c = 300$mm

덧판 재질; KS SM355, $F_y = 355$MPa, $F_u = 490$MPa

편심 거리; $e = 215 + 10 = 225$mm

▌풀이

1. 설계하중;

$$R_u = 1.2(75) + 1.6(225) = 450\text{kN}$$

2. 휨국부좌굴에 의한 소요 단면계수 $S_{req'd}$ 산정

$$S_{req'd} = \frac{R_u \cdot e}{\phi F_y} = \frac{450(10^3)(225)}{0.9(355)}$$

$$= 317 \times 10^3\text{mm}^3 > S_{net} = 240 \times 10^3\text{mm}^3$$ 부적합. 도움표 2.3.2

3. 덧판의 설계;

따낸보 웨브의 설계강도;

$\phi R_n = 341$kN (예제 2.3.2에서 구한 값)

덧판의 소요강도;

$R_p = R_u - \phi R_n = 450 - 341 = 109$kN

$$S_{p(req'd)} = \frac{R_u \cdot e}{\phi F_y} = \frac{109(10^3)(225)}{(0.9)(355)} = 77 \times 10^3 \text{mm}^3$$

덧판의 소요두께

보 웨브의 순 높이; $h_{net} = h_o - (t_f + r) = 300 - (16 + 20) = 264\text{mm}$

덧판의 높이; $h_p = 240\text{mm}$로 가정하면,

$$t_{p(req'd)} = \frac{6 S_{p(req'd)}}{h_p^2} = \frac{6(77 \times 10^3)}{240^2} = 8.02\text{mm} \rightarrow t_p = 10\text{mm}$$

따라서 PL-10t×240h(SM355)덧판을 따낸 단면(길이 c)의 안쪽으로 따낸 깊이($d_c = 200\text{mm}$)만큼 연장하여 판의 상/하부 및 내측에 필릿용접($s = 5\text{mm}$)한다.

$$S_p = \frac{10 \times 240^2}{6} = 96 \times 10^3 \text{mm}^3 > S_{p(req'd)} = 77 \times 10^3 \text{mm}^3$$

$\Sigma S = S_{net} + S_p = (240 + 96) \times 10^3 = 336 \times 10^3 \text{mm}^3 > S_{req'd} = 317 \times 10^3 \text{mm}^3$ 적합.

필릿용접부를 위한 최소 연단거리치수 검토; 설계매뉴얼(2.2.8.6(3)) 설계매뉴얼 그림 2.2.22 참조

$(h_{net} - h_p)/2 = (264 - 240)/2 = 12 > 11\text{mm}$ 적합.

4. 보 웨브의 전단항복 및 전단파단 검토;

보 웨브의 전단강도는 보강판을 포함하여 계산해야 하나, H형강의 웨브만으로 검토해 본다.

(1) 전단항복; $\phi = 1.0$

$R_n = 0.6 F_y A_g = 0.6(355)(10)(300)/10^3 = 639\text{kN}$ 기준식(4.7-15)

$\phi R_n = 1.0(639) = 639\text{kN} > R_u = 450\text{kN}$ 적합.

(2) 전단파단; $\phi = 0.75$

$R_n = 0.6 F_u A_{nv} = 0.6(490)(10)(300)/10^3 = 882\text{kN}$ 기준식(4.7-16)

$\phi R_n = 0.75(882) = 662\text{kN} > R_u = 450\text{kN}$ 적합.

따라서, 전단에 대하여 H형강의 웨브두께만으로도 충분함.

설계요약 :

휨강도 보강용 덧판 PL-10×240×415mm(SM355)를 H형강 웨브에 필릿용접($s = 5\text{mm}$)하여 보강한다 (예제 그림 참조).

▌예제 2.3.5▌ 상부플랜지를 따낸보의 종방향 보강(스티프너 보강)

보(H−500×200)의 상부플랜지를 깊이 $d_c = 200$mm와 길이 $c = 215$mm로 따낸보의 단부반력이 다음과 같을 때, 이 보를 보강하기 위한 종방향 스티프너를 설계하시오.

$R_D = 75\text{kN}$, $R_L = 225\text{kN}$

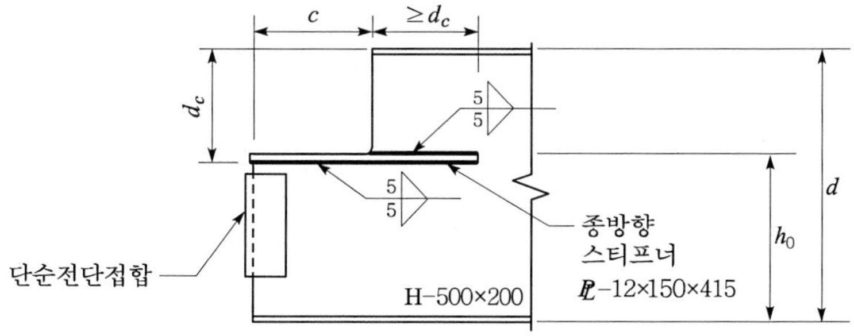

〈 상부플랜지를 따낸보(종방향 스티프너 보강) 〉

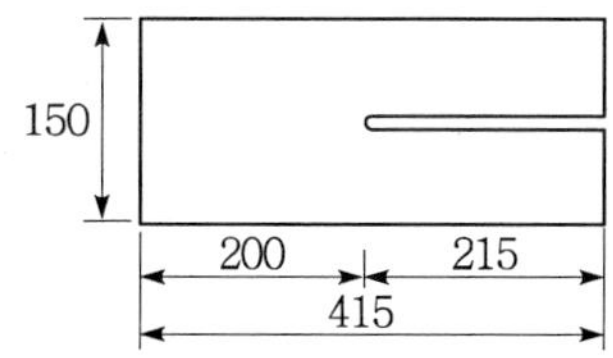

〈 종방향 스티프너 평면현상 〉

재질 및 치수;

보 단면; H−500×200×10×16(r=20), KS SHN355, $F_y = 355$MPa, $F_u = 490$MPa

보강판; KS SM355, $F_y = 355$MPa, $F_u = 490$MPa

용접재; $F_w = 490$MPa

따낸 치수; $d_c = 200$mm, $c = 215$mm, $h_0 = d - d_c = 300$mm

편심 거리; $e = 215 + 10 = 225$mm

▌풀이

1. 설계하중;

$$R_u = 1.2(75) + 1.6(225) = 450\text{kN}$$

2. 휨국부좌굴에 의한 소요 단면계수 $S_{req'd}$ 산정

$$S_{req'd} = \frac{R_u \cdot e}{\phi F_y} = \frac{450(10^3)(225)}{0.9(355)}$$

$$= 317\times 10^3\text{mm}^3 > S_{net} = 240\times 10^3\text{mm}^3$$ 부적합. 도움표 2.3.2

3. 종방향(보−길이방향) 스티프너의 설계;

스티프너(보강판)는 PL−12×150(SM355)로 가정, 하부플랜지의 필렛부분을 무시하고 단면성능을 계산한다.

중심축위치 산정;

$A_s = 12\times 150 = 1{,}800\text{mm}^2$, $\overline{y_s} = 6\text{mm}$, $A_s \cdot \overline{y_s} = 10{,}800\text{mm}^3$

$A_w = 10\times(300 - 16) = 2{,}840\text{mm}^2$, $\overline{y_w} = (12 + 284/2) = 154\text{mm}$, $A_w \cdot \overline{y_w} = 437{,}000\text{mm}^3$

$A_f = 16\times 200 = 3{,}200\text{mm}^2$, $\overline{y_f} = (312 - 16/2) = 304\text{mm}$, $A_f \cdot \overline{y_f} = 973{,}000\text{mm}^3$

$\Sigma A = 7{,}840\text{mm}^2$, $\Sigma A \cdot \bar{y} = 1{,}420{,}000$, $\bar{y_t} = \Sigma A \cdot \bar{y} / \Sigma A \cong 181\text{mm}$(상부로부터),

$\bar{y_b} = 312 - \bar{y_t} = 312 - 181 = 131\text{mm}$

단면2차모멘트 산정;

스티프너; $I_{so} = 150 \times 12^3/12 = 21.6 \times 10^3$, $A_s\overline{y_s^2} = 1{,}800(181-6)^2 = 55.1 \times 10^6$,

$I_s = I_{so} + A_s\overline{y_s^2} = 55.1 \times 10^6$

웨브; $I_{wo} = 10 \times 284^3/12 = 19.1 \times 10^6$, $A_w\overline{y_w^2} = 2{,}840(181-154)^2 = 2.07 \times 10^6$,

$I_w = I_{wo} + A_w\overline{y_w^2} = 21.2 \times 10^6$

플랜지; $I_{fo} = 200 \times 16^3/12 = 68.3 \times 10^3$, $A_f\overline{y_f^2} = 3{,}200(304-181)^2 = 48.4 \times 10^6$,

$I_f = I_{fo} + A_f\overline{y_f^2} = 48.5 \times 10^6$

$\therefore\ \Sigma I_x = I_s + I_w + I_f = 55.1 \times 10^6 + 21.2 \times 10^6 + 48.5 \times 10^6 = 125 \times 10^6\text{mm}^4$

4. 종방향 스티프너의 판폭두께비 검토; $k = t_f + r = 16 + 20 = 36$

$\lambda_p = 0.38\sqrt{E/F_y} = 0.38\sqrt{210{,}000/355} = 9.24$ 기준 표 1.5-1 (구분2)

$\lambda_r = 0.95\sqrt{k_c E/F_L}$; $h = h_0 - k = 300 - 36 = 264$

$k_c = 4/\sqrt{h/t_w} = 4/\sqrt{264/10} = 0.778 > 0.76$, $0.35 \le k_c \le 0.76$이므로

$k_c = 0.76$

$$S_{xc} = \frac{I_x}{c_t} = \frac{125 \times 10^6}{181} = 691 \times 10^3\text{mm}^3$$

$(c_t = \bar{y_t} = 181,\ c_b = 312 - \bar{y_t} = 131)$

$$S_{xt} = \frac{I_x}{c_b} = \frac{125 \times 10^6}{131} = 954 \times 10^3\text{mm}^3$$

$$\frac{S_{xt}}{S_{xc}} = \frac{954}{691} = 1.38 \quad \ge \quad 0.7$$

따라서, $F_L = 0.7F_y = 0.7(355) = 249\,\text{MPa}$

$\lambda_r = 0.95\sqrt{0.76(210{,}000)/249} = 24.1$

$b/t = 150/2(12) = 6.25 < \lambda_p = 9.24 (< \lambda_r = 24.1)$

따라서, 스티프너는 콤팩트하다.

$S_{net} = S_{xc} = 691 \times 10^3\text{mm}^3$

5. 보강판(스티프너) 단면의 공칭강도;

$$R_n = \frac{F_y}{e} \cdot S_{net} = 355(691)/225 = 1{,}090\,\text{kN}$$

따라서, $\phi = 0.9$

$\phi R_n = 0.9(1{,}090) = 981\,\text{kN} > R_u = 450\,\text{kN}$ 적합.

6. 용접부 검토;

(1) 용접부의 전단응력 산정;

중립축에 대한 스티프너의 단면1차모멘트;

$Q_x = A_s \times \overline{y_t} = 1,800 \times (181-12/2) = 315 \times 10^3 \mathrm{mm}^3$

단위길이당 전단응력 : $f_{uv}' = \dfrac{V_u \cdot Q_x}{I_x} = \dfrac{450 \times 10^3 (315 \times 10^3)}{125 \times 10^6} = 1,130 \mathrm{N/mm}$

(2) 사이즈가 s인 양면 필릿용접부의 강도; 기준 표 4.7-7

$f_{uw} = \phi(0.6F_w)2s/\sqrt{2} = 0.75(0.6)(490)(2s)/\sqrt{2} = 221(2s)/\sqrt{2} = 313s\,\mathrm{N/mm}$

(3) 양면 필릿용접부 소요사이즈: 전단응력 ≤ 필릿용접부의 강도로 놓으면,

$s_{req'd} = \dfrac{1,130}{313} = 3.61\mathrm{mm}$

$t_w = 10\mathrm{mm}$, $t_p = 12\mathrm{mm}$일 때 최소 필릿용접부 사이즈; $s = 5\mathrm{mm}$ 기준 표 4.7-6

보강상세요약 : 예제그림 참조

· 수평스티프너의 형상 : 스티프너의 전체길이 중에서 보의 웨브에 정착시킬 부분은 중앙부에 215mm($d_c + r_{cut}$)길이로 폭 11.5mm(t_w +1.5mm)의 길쭉한 홈을 낸 형상으로 한다.

· 스티프너와 따낸보 웨브 사이의 용접 : 길쭉한 홈의 전체길이에 걸쳐 양면에 필릿용접($s = 5\mathrm{mm}$)한다.

· 스티프너의 웨브정착 : 이 예제풀이에서는 다루지 않았지만, 실무설계에서는 스티프너에 작용하는 축력에 대하여 웨브 정착부의 전단파단강도와 필릿용접부의 길이방향 전단강도를 검토하여야 한다.

❙ 예제 2.3.6 ❙ 상·하부 플랜지를 모두 따낸보의 단부 설계

다음 그림과 같이 보의 상부 플랜지부분을 깊이 $d_{ct}=75\text{mm}$, 길이 $c=175\text{mm}$로 따내고, 보 하부플랜지부분은 깊이 $d_{cb}=100\text{mm}$, 길이 $c=175\text{mm}$를 따낸 H−500×200 보 단부에 대한 한계상태의 휨항복, 국부좌굴 및 전단항복과 전단을 고려하여 설계강도를 산정하시오.

재질 및 치수;

보 단면; H−500×200×10×16, KS SHN355, $F_y=355\text{MPa}$,

$F_u=490\text{MPa}$

따낸 치수; $d_{ct}=75\text{mm}$, $d_{cb}=100\text{mm}$, $c=175\text{mm}$,

$h_0=500-d_{ct}-d_{cb}=325\text{mm}$

편심 거리; $e=c+10=185\text{mm}$

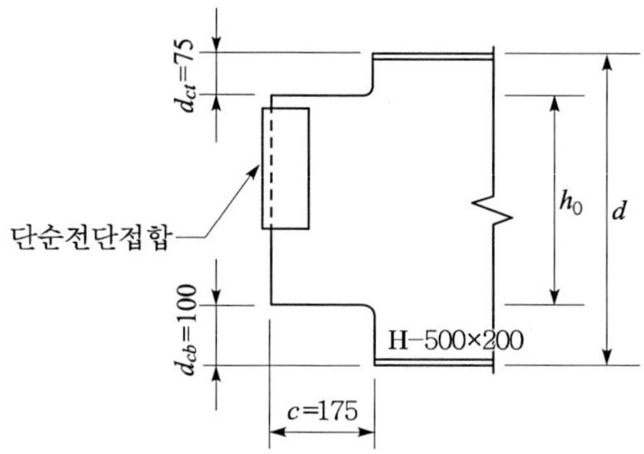

〈 상·하플랜지를 모두 따낸보 〉

❙ 풀이

1. 상·하 플랜지를 모두 따낸보 웨브의 휨항복과 국부좌굴 검토; 설계매뉴얼 (2.3.9.3(2)②)

인장측(하부) 따낸 깊이($d_{cb}=100\text{mm}$)가 압축측(상부) 따낸 깊이($d_{ct}=75\text{mm}$)보다 크나, 따낸 길이($c=175\text{mm}$)는 상·하부가 동일하며 $d_c \le 0.2d=100\text{mm}$이므로, 설계매뉴얼 식(2.3.9.3−4)로부터;

$$f_d=3.5-7.5(d_{ct}/d)=3.5-7.5(75/500)=2.38$$

$$F_{cr}=0.62\pi E\frac{t_w^2}{ch_0}f_d=0.62\pi(210{,}000)\frac{10^2}{175(325)}(2.38)=1{,}710\text{MPa}\le F_y$$

$$F_{cr}=F_y=355\text{MPa}$$

따라서 항복에 의해 지배됨.

$F_{cr}=F_y=355\text{MPa}$ 사용;

$$S_{net}=\frac{t_w h_0^2}{6}=\frac{10(325^2)}{6}=176\times10^3\text{mm}^3$$

$$R_n=\frac{F_{cr}}{e}\cdot S_{net}=\frac{355(176)}{185}=338\text{kN}$$

$$\phi=0.9$$

$$\phi R_{n1}=0.9(338)=304\text{kN}$$

2. 보 웨브의 전단항복 검토; $\phi=1.0$

$$R_n=0.6F_yA_g=0.6(355)(10)(325)/10^3=692\text{kN}$$ 기준식(4.7−15)

$$\phi R_{n2}=1.0(692)=692\text{kN}$$

3. 보 웨브의 전단파단 검토; $\phi=0.75$

$$R_n=0.6F_uA_{nv}=0.6(490)(10)(325)/10^3=956\text{kN}$$ 기준식(4.7−16)

$$\phi R_{n3}=0.75(956)=717\text{kN}$$

검토결과 :

따낸 단면의 설계강도, $\phi R_n=\text{Min.}[\phi R_{n1},\ \phi R_{n2},\ \phi R_{n3}]=\phi R_{n1}=304\text{kN}$ 으로 휨항복강도에 의해 결정되었음.

▌예제 2.3.7▐ 상·하부 플랜지의 따낸 길이가 다른 보의 단부 설계

다음 그림과 같이 단순보의 단부에서 상부 플랜지부분을 깊이 $d_{ct}=90\text{mm}$, 길이 $c_t=240\text{mm}$로 따내고, 하부플랜지부분은 깊이 $d_{cb}=50\text{mm}$, 길이 $c_b=290\text{mm}$를 따낸보(H-400×200)단부에 대한 한계상태의 휨항복, 국부좌굴 및 전단항복과 파단을 고려하여 설계강도를 산정하시오. 단, 보의 띄움(setback)은 10mm로 가정한다.

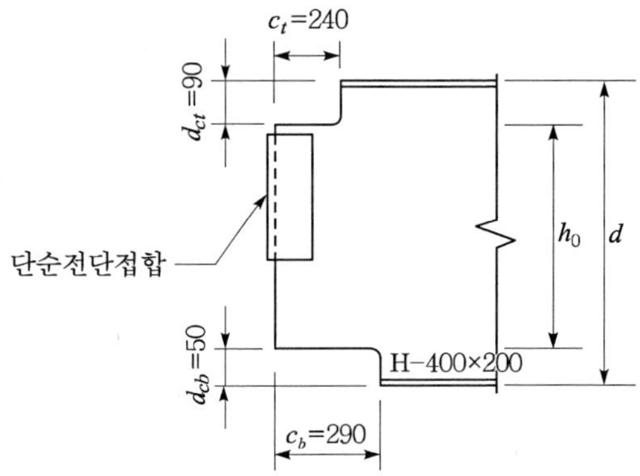

상·하 플랜지의 따낸 길이가 다른 보

재질 및 치수;

보 단면; H-400×200×8×13, KS SHN355, $F_y=355\text{MPa}$,

$F_u=490\text{MPa}$

따낸 치수; $d_{ct}=90\text{mm}$, $d_{cb}=50\text{mm}$, $c_t=240\text{mm}$, $c_b=290\text{mm}$,

$h_0=400-d_{ct}-d_{cb}=260\text{mm}$

편심 거리; $e_t=c_t+10=250\text{mm}$, $e_b=c_b+10=300\text{mm}$

▌풀이

1. 압축플랜지(상부)를 따낸 단면의 국부좌굴 검토;

하부플랜지 따낸 길이($c_b=290\text{mm}$)가 상부플랜지의 따낸 길이($c_t=240\text{mm}$)보다 길며, $d_{tc}=90\text{mm}>0.2d=80\text{mm}$이므로;

$$\lambda=\frac{h_0\sqrt{F_y}}{26.3t_w\sqrt{475+280\left(\dfrac{h_0}{c_t}\right)^2}}=\frac{260\sqrt{355}}{26.3(8)\sqrt{475+280\left(\dfrac{260}{240}\right)^2}}=0.821;$$ 설계매뉴얼 식(2.3.9.3-6)

$0.7<\lambda\le1.41$이므로, $Q=1.34-0.486\lambda=1.34-0.486(0.821)=0.941$

설계좌굴응력;

$F_{cr}=F_y\cdot Q=355(0.941)=334\text{MPa}\ <\ 355\text{MPa}$ (좌굴에 의해 지배) 설계매뉴얼 식(2.3.9.3-5)

탄성단면계수 산정;

$$S_{net}=\frac{t_wh_0^2}{6}=\frac{8(260^2)}{6}=90.1\times10^3\text{mm}^3$$

휨국부좌굴에 의한 강도 산정; $\phi=0.9$

$$M_n=F_{cr}\cdot S_{net}=334(90.1)/10^3=30.1\text{kN}\cdot\text{m}$$

$$R_n=\frac{M_n}{e_t}=\frac{30.1\times10^3}{250}=120\text{kN}$$

$$\phi R_n=0.9(120)=108\text{kN}$$

2. 인장측 플랜지(하부)를 따낸 단면의 휨항복 검토; $d_{cb}=50\text{mm}$일 때, $\phi=0.9$

$S_{net}=261\times10^3\text{mm}^3$ 도움표 2.3.2

$M_n=F_{cr}\cdot S_{net}=355(261)/10^3=92.7\text{kN}\cdot\text{m}$

$$R_n = \frac{M_n}{e_b} = \frac{92.7 \times 10^3}{300} = 309\text{kN}$$

$$\phi R_n = 0.9(309) = 278\text{kN}$$

3. 전단에 대한 검토;

(1) 전단항복 검토; $\phi = 1.0$

$$R_n = 0.6F_y A_g = 0.6(355)(260)(8)/10^3 = 443\text{kN}$$ 기준식(4.7-15)

$$\phi R_n = 1.0(443) = 443\text{kN}$$

(2) 전단파단 검토; $\phi = 0.75$

$$R_n = 0.6F_u A_{nv} = 0.6(490)(260)(8)/10^3 = 612\text{kN}$$ 기준식(4.7-16)

$$\phi R_n = 0.75(612) = 459\text{kN}$$

검토결과 :

따낸 단면의 설계강도는 횡국부좌굴에 의해 결정되었음.

$e_t = 250\text{mm}$일 때 설계강도는 $\phi R_n = 108\text{kN}$

03

CHAPTER

H형강 일반접합부의 설계 예제

3.1 단순전단접합부

03 CHAPTER H형강 일반접합부의 설계 예제

3.1 단순전단접합부

이 절에서는 H형강의 일반접합부 중 단순전단접합부에 해당하는 설계 예제를 수록하였다. 단순전단접합부는 2면접합에 해당하는 쌍ㄱ형강 및 전단단부판 접합과 받침재의 종류에 따른 비보강 및 보강 받침접합, 1면접합인 단일판, 단일ㄱ형강 및 T형강 접합이 있다.

(1) 쌍ㄱ형강 접합
쌍ㄱ형강접합은 보웨브의 양쪽면에 각각 1개씩 2개의 ㄱ형강으로 만들고, 이 ㄱ형강들은 보와 지지부재에 볼트로 체결하거나 용접한다. 접합부의 설계강도는 사용하는 볼트와 용접 및 접합요소의 한계상태들로부터 산정하며, 설계강도 ϕR_n은 소요강도 R_u 이상이어야 한다.

(2) 전단단부판접합
전단단부판접합은 접합하려는 보의 높이보다 작은 길이의 판을 사용하여 만들고, 전단단부판접합의 설계강도는 사용하는 볼트, 용접 및 접합요소의 한계상태들로부터 산정한다. 보웨브의 전단파단에 대한 한계상태는 단부판과 보웨브 사이의 용접접합길이에 대하여 검토하여야 하며, 설계강도 ϕR_n은 소요강도 R_u 이상이어야 한다.

(3) 비보강받침접합
비보강받침접합은 'ㄱ형강받침접합'이라고도 부르며, 아래의 받침용ㄱ형강과 보를 횡지지하기 위한 상부ㄱ형강으로 구성된다. 이들 ㄱ형강은 접합하는 보와 지지부재에 볼트로 접합하거나 또는 용접한다. 비보강받침접합의 설계강도는 적용 가능한 볼트, 용접부 및 접합요소의 한계상태들로부터 산정하고, 접합되는 보웨브의 강도는 웨브국부항복과 웨브크리플링 한계상태에 대하여 검토해야 하며, 설계강도 ϕR_n은 소요강도 R_u 이상이어야 한다.

(4) 보강받침접합
보강받침접합은 '티형강받침접합'이라고도 부르며, 보를 받쳐주는 하부 받침판(Seat Plate)과 보를 잡아주는 보강요소(Stiffened Elements; 1개의 판이나 구조용 T형강단면 또는 1쌍의 ㄱ형강) 및 상부ㄱ형강(Top Angle)으로 구성된다. 상부ㄱ형강은 접합하는 보와 지지부재에 볼트로 체결하거나 또는 용접하고, 보강요소는 지지부재에 볼트로 체결하거나 또는 용접한다. 받침판은 접합하는 보와 볼트로 체결한다.
보강받침접합의 설계강도는 사용하는 볼트와 용접 및 접합요소의 한계상태들로부터 산정하고, 접합하는 보웨브에 대한 웨브국부항복과 웨브크리플링 한계상태에 대하여도 검토해야 하며, 설계강도 ϕR_n은 소요강도 R_u 이상이어야 한다.

(5) 단일판접합 및 확장형 단일판접합

하나의 판을 지지부재에는 양면용접하고 보의 웨브와는 볼트로 접합한다. 단일판접합의 설계강도는 사용하는 볼트, 용접부 및 접합요소의 한계상태들로부터 산정하며, 설계강도 ϕR_n은 소요강도 R_u 이상이어야 한다.

(6) 단일ㄱ형강접합

단일ㄱ형강접합은 접합되는 보의 한쪽 웨브에 한 개의 ㄱ형강을 사용하여 만든다.
단일ㄱ형강접합의 설계강도는 사용하는 볼트, 용접부 및 접합요소의 한계상태들로부터 산정하며, 설계강도 ϕR_n은 소요강도 R_u 이상이어야 한다.

(7) T형강접합

T형강접합은 하나의 구조용 T형강으로 만든다. T형강은 가급적 공장에서 지지부재에 볼트로 체결하거나 용접하고 보에는 현장볼트로 접합한다. T형강접합의 설계강도는 사용하는 볼트, 용접부 및 접합요소의 한계상태들로부터 산정하며, 설계강도 ϕR_n은 소요강도 R_u 이상이어야 한다.

단순전단접합부의 설계 예제는 총 20개로 구성하였으며 각 예제는 다음과 같다.

[예제 3.1.1] 쌍ㄱ형강 볼트접합
[예제 3.1.2] 쌍ㄱ형강 볼트/용접접합
[예제 3.1.3] 쌍ㄱ형강 용접접합
[예제 3.1.4] 쌍ㄱ형강 볼트접합 (따낸보)
[예제 3.1.5] 쌍ㄱ형강 볼트/용접접합 (따낸보)
[예제 3.1.6] 쌍ㄱ형강 볼트 쌍접합 (작은보-큰보웨브)
[예제 3.1.7] 쌍ㄱ형강 볼트 엇갈림 쌍접합 (작은보-큰보웨브)
[예제 3.1.8] 빗각 쌍절곡판접합 (작은보-큰보웨브)
[예제 3.1.9] 전단단부판접합 (보-큰보웨브)
[예제 3.1.10] 전단단부판 빗각접합(보-큰보웨브)
[예제 3.1.11] 비보강받침 볼트접합 (보-기둥웨브)
[예제 3.1.12] 비보강받침 용접접합 (보-기둥플랜지)
[예제 3.1.13] 보강받침 볼트접합 (보-기둥플랜지)
[예제 3.1.14] 보강받침 용접접합(보-기둥웨브)
[예제 3.1.15] 일반형 단일판접합 (보-기둥플랜지)
[예제 3.1.16] 단일판접합 (작은보-큰보웨브)
[예제 3.1.17] 확장형 단일판접합(보-기둥웨브)
[예제 3.1.18] 단일ㄱ형강 볼트접합 (작은보-큰보웨브)
[예제 3.1.19] 단일ㄱ형강 볼트/용접접합 (보-기둥플랜지)
[예제 3.1.20] T형강 볼트접합 (보-기둥플랜지)

단순전단접합부의 설계 및 제작과 관련된 도움표는 「강구조 접합부 설계매뉴얼 (2021)」에 수록되어 있으며 예제에서 사용하는 도움표 목록은 다음과 같다.

[도움표 3.1.1] 쌍ㄱ형강 볼트접합 설계강도
[도움표 3.1.2] 쌍ㄱ형강 볼트/용접접합 설계강도
[도움표 3.1.3] 쌍ㄱ형강 용접/볼트접합 설계강도
[도움표 3.1.4] 전단단부판 볼트/용접접합 설계강도
[도움표 3.1.5] 비보강받침 볼트접합 설계강도
[도움표 3.1.6] 비보강받침 용접접합 설계강도
[도움표 3.1.7] 보강받침 볼트접합 설계강도
[도움표 3.1.8] 보강받침 볼트/용접접합 설계강도
[도움표 3.1.9] 단일판 접합 설계강도
[도움표 3.1.10] 단일ㄱ형강 볼트접합 설계강도
[도움표 3.1.11] 단일ㄱ형강 볼트/용접접합 설계강도

▌예제 3.1.1▐ 쌍ㄱ형강 볼트접합

다음과 같은 단순보의 단부반력을 지지하기 위한 보-기둥사이 쌍ㄱ형강 볼트접합을 설계한다.

$R_D = 170\text{kN}$, $R_L = 510\text{kN}$

단, 볼트는 표준구멍의 F10T-N(나사부내), M22를 사용한다.

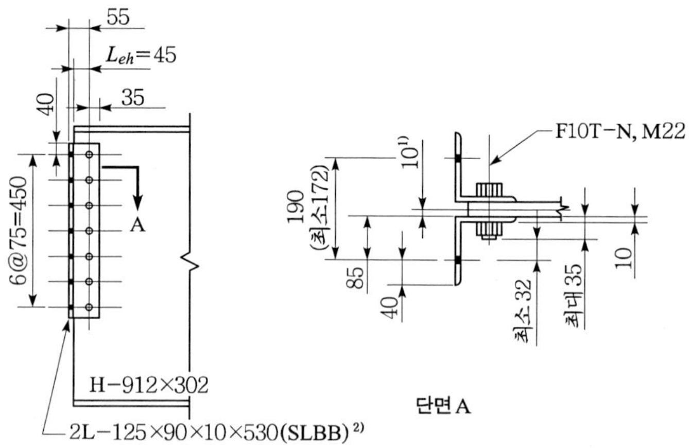

〈 쌍ㄱ형강 볼트접합 〉

재질규격;

보; H−912×302×18×34, KSD3866 SHN355, $F_y = 355\text{MPa}$ $F_u = 490\text{MPa}$

기둥; H−350×350×12×19, KSD3866 SHN355, $F_y = 355\text{MPa}$, $F_u = 490\text{MPa}$

ㄱ형강; 2L−125×90×10, KS SS275, $F_y = 275\text{MPa}$, $F_u = 410\text{MPa}$

주 : 치수들은 도움표 2.1.15의 체결 간격을 참고하였다.

1) 이 치수는 보 웨브두께의 1/2보다 큰 2mm의 배수 중 가장 작은 정수값을 취한다(ㄱ형강사이 간격이 보웨브두께보다 좁으면 보를 끼워 넣을 수 없으므로, 예; $t_w = 18\text{mm}$일 때, 18/2=9 → 10mm). 이와 같이 2.0mm이내의 약간 큰 값을 사용함으로서 현장설치 시 ㄱ형강 사이가 약간 넓혀진 상태에서 보웨브를 끼워 넣을 수 있으며, 게이지값을 정수로 할 수 있다. 대안으로서 ㄱ형강의 지지부재쪽 다리에 수평으로 단슬롯구멍을 사용할 수 있다.

2) 2개의 부등변ㄱ형강을 짧은 쪽 다리끼리(이 예제에서는 90mm) 등을 서로 맞대어 설치함(SLBB : Short Leg Back to Back).

▌풀이

1. 설계하중

$$R_u = 1.2(170) + 1.6(510) = 1{,}020\text{kN}$$

2. 쌍ㄱ형강 볼트접합부의 설계

F10T-N, 7-M22 d_b=M22, $t_a = 10\text{mm}$, 도움표 3.1.1b에서

$$\phi R_n = 1{,}300\text{kN} \; > \; R_u \quad \text{적합}$$

주 : ㄱ형강 연단거리 $L_{ev} = 40\text{mm}$로 도움표 기준 35mm와 상이하나 안전측이어서 도움표를 그대로 적용하였다.

3. 보웨브 검토 (볼트지압)

$L_{eh}=45\,\text{mm}$, $S=75$, $F_u=490$, $t_w=18$일 때, 도움표 3.1.1b에서

(*보를 따내지 않았으므로 블록전단파단, 전단항복 및 전단파단에 지배되지 않음.)

$$\phi R_n = 136t_w$$
$$= 136(18) = 2{,}450\,\text{kN} > \text{R}_\text{u} \quad \text{적합}$$

4. 지지부재(기둥플랜지)에 대한 지압 검토

$L_{eh}=45\,\text{mm}$, $t_f=19$, $F_u=490$일 때, 도움표 3.1.1b에서

$$\phi R_n = \phi r_n(2n_b)t_f$$
$$= 272(19)$$
$$= 5{,}170\,\text{kN} > R_u \quad \text{적합}$$

5. 접합요소의 최소 길이 검토

$$T/2 = [912-2(34+18)]/2 = 404\text{mm}$$
$$L_a = (n_b-1)S + 2L_{ev} = (7-1)(75) + 2(40) = 530 > T/2 \quad \text{적합}$$

그러므로 F10T, 7-M22 볼트 사용

▌예제 3.1.2▐ 쌍ㄱ형강 볼트/용접접합

다음과 같은 단순보의 단부반력을 지지하기 위한 보-기둥사이 쌍ㄱ형강 볼트/용접접합을 설계한다.

$R_D = 170\text{kN}$, $R_L = 510\text{kN}$

단, $F_w = 490\text{MPa}$ 용접재와 표준구멍의 F10-N(나사부내), M22 볼트를 사용한다.

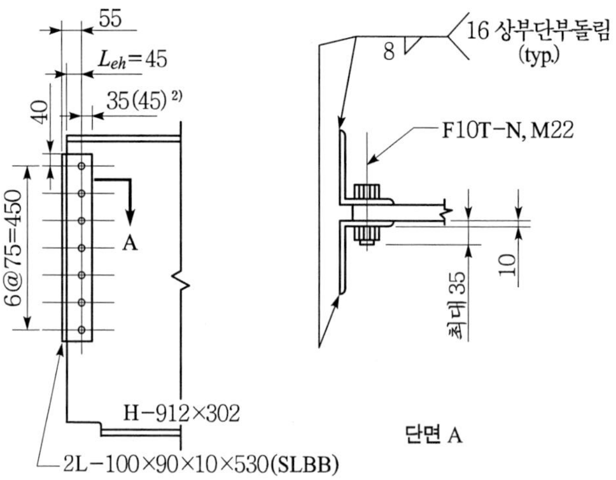

〈 쌍ㄱ형강 볼트/용접접합 〉

재질규격;

보; H-912×302×18×34, KS SHN355, $F_y = 355\text{MPa}$, $F_u = 490\text{MPa}$

기둥; H-350×350×12×19, KS SHN355, $F_y = 355\text{MPa}$, $F_u = 490\text{MPa}$

ㄱ형강; 2L-100×90×10[1], KS SS275, $F_y = 275\text{MPa}$, $F_u = 410\text{MPa}$

주 1) KS에는 L-100×90시리즈가 없으므로 L-100×100을 사용할 수 있다.
2) L-100×100을 사용할 경우 ㄱ형강의 연단거리는 $L_{eh} = 45\text{mm}$로 한다.
3) 현장설치작업을 위하여 보의 하부플랜지를 따내기 한다.

▌풀이

1. 설계하중;

$$R_u = 1.2(170) + 1.6(510) = 1{,}020\text{kN}$$

2. 볼트 및 ㄱ형강의 설계강도[1]

F10T-N, M20 볼트 표준구멍 사용시,

$n_b = 7$개$-$M22, $t_a = 10\text{mm}$ 일 때, 도움표 3.1.1b에서

$\phi R_n = 1{,}300\text{kN} > R_u = 1{,}020\text{kN}$ 적합

주 : ㄱ형강 연단거리 $L_{ev} = 40\text{mm}$로 도움표 기준 35mm와 상이하나 안전측이어서 도움표를 그대로 적용하였다.

3. 용접부 B 설계검토

(1) 용접부강도; $L=530\text{mm}(n_b=7\text{개})$, $w=8\text{mm}$일 때, 도움표 3.1.2에서

$\phi R_n = 1{,}070\text{kN} > R_u = 1{,}020\text{kN}$ 적합

(2) 지지부재 최소두께 검토

$L=530\text{mm}(\text{n}_\text{b}=7)$, $w=8\text{mm}$일 때, 도움표 3.1.2에서

$t_{fmin} = 6.76\text{mm} \le t_f = 19\text{ mm}$ 적합

(3) ㄱ형강 두께 검토; ($w \ge 6\text{mm}$일 때)

$t_{\text{amin}} = w+2 = 8+2 = 10\text{mm} \le t_\text{a} = 10\text{mm}$ 적합 기준 (4.7.2.3(2))

4. 보웨브에 대한 볼트지압 검토

따내지 않은 보, $L_{eh}=45\text{ mm}$, $n_b=7\text{개}$, $t_w=18$일 때, 도움표 3.1.1b에서

$\phi R_n = 136(t_w) = 2{,}450\text{kN} > R_u = 1{,}020\text{kN}$ 적합

주 1) 보의 전체 춤에 비하여 따낸 높이가 크지 않아 따낸 단면에 대한 검토는 하지 않아도 된다.
2) 표에서 볼트 및 ㄱ형강의 설계강도는 $t_a \le 10$일 때 F8T-N, X와 F10T-N, X 모두 값이 같다(ㄱ형강에 의해 강도가 결정됨).

5. 접합요소의 최소 길이 검토

$T/2 = [912-2(34+18)]/2 = 404\text{mm}$

$L_a = (n_b-1)S + 2L_{ev} = (7-1)(75)+2(40) = 530 > T/2$ 적합

▌예제 3.1.3▌ 쌍ㄱ형강 용접접합

다음의 단부 반력을 지지하기 위한 그림과 같은 단순보(웨브)-기둥플랜지 사이 쌍ㄱ형강 용접접합을 설계한다.

$R_D = 170\text{kN}$, $R_L = 510\text{kN}$

단, $F_w = 490\text{MPa}$ 용접재를 사용한다.

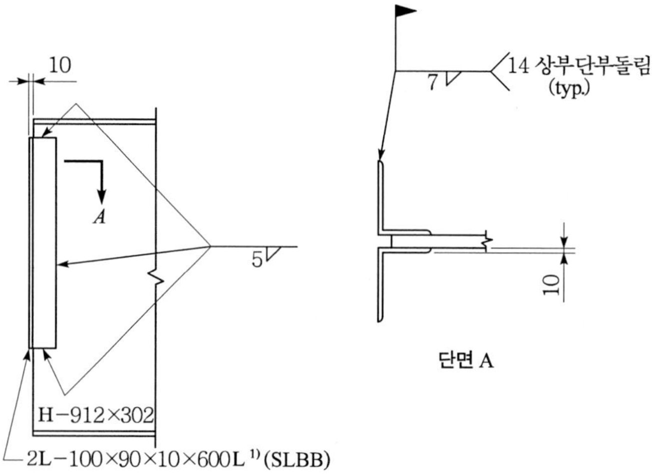

〈 쌍ㄱ형강 용접접합 〉

재질규격;

보; H-912×302×18×34, KS SHN355, $F_y = 355\text{MPa}$, $F_u = 490\text{MPa}$

기둥; H-350×350×12×19, KS SHN355, $F_y = 355\text{MPa}$, $F_u = 490\text{MPa}$

ㄱ형강; 2L-100×90×10[1], KS SS275, $F_y = 275\text{MPa}$, $F_u = 410\text{MPa}$

주 1) KS에는 L-100×90시리즈가 없으므로 L-100×100을 사용할 수 있다.

▌풀이

1. 설계 하중;

$$R_u = 1.2(170) + 1.6(510)$$
$$= 1{,}020\text{kN}$$

2. 용접부 A; 보웨브-ㄱ형강(SLBB)사이 용접 설계;

$L = 600\text{mm}$, $w = 5\text{mm}$일 때, 도움표 3.1.3에서

$\phi R_n = 1{,}260\text{kN} > R_u = 1{,}020\text{kN}$ 적합

${}_{\min}t_w = 8.45\text{mm} < 18\text{mm}$ 적합

도움표 3.1.3은 쌍ㄱ형강 용접접합 설계강도로 양쪽의 용접면에 해당되는 강도인 것에 주의해야 하며, 쌍ㄱ형강의 용접접합에 대한 도움표 모두에 해당된다.

3. 용접부 B; ㄱ형강-기둥플랜지 사이 용접 설계;

$L = 600\text{mm}$, $w = 7\text{mm}$일 때, 도움표 3.1.3에서

$\phi R_n = 1{,}120\text{kN} > R_u = 1{,}020\text{kN}$ 적합

${}_{\min}t_f = 5.92\text{mm} < 19\text{mm}$ 적합

4. ㄱ형강 최소 두께 검토; ($w \geq 6\text{mm}$일 때)

$t_{amin} = w + 2 = 7 + 2 = 9\text{mm} \leq t_a = 10\text{mm}$ 적합

설계상세; 2L-100×90(또는 100)×10×600L과 용접부 사이즈 $s = 5\text{mm}$ 및 7mm로 그림과 같이 설계한다.

5. ㄱ형강 전단 검토

$$A_{gv} = 2(600)(10)$$
$$= 12{,}000\,\text{mm}^2$$
$$R_n = 0.60F_yA_{gv} \qquad \text{기준식}(4.7\text{-}15)$$
$$= 0.6(275)(12{,}000)/10^3$$
$$= 1{,}980\text{ kN}$$
$$\phi R_n = 1.0(1{,}980)$$
$$= 1{,}980\text{ kN} > 1{,}020\text{ kN} \quad \text{적합}$$

주 : 쌍ㄱ형강접합에서 부등변ㄱ형강이 사용될 때 짧은쪽 다리(Short Leg)를 용접부 A(보쪽)로, 긴쪽 다리(Long Leg)를 용접부 B(지지부재쪽)로 (SLBB)하는 이유는 단순보 접합에서 필요한 단부회전능력(변형성능)의 확보에 유리하기 때문이다.

▌예제 3.1.4 ▌ 쌍ㄱ형강 볼트접합 (따낸보)

다음과 같은 단순보의 단부반력을 지지하기 위한 따낸보-큰보사이 쌍ㄱ형강접합을 볼트(볼트/볼트)로 설계한다.

$R_D = 45\text{kN}$, $R_L = 135\text{kN}$

보의 상부플랜지는 춤 $d_c = 50\text{mm}$, 길이 $L_c = 100\text{mm}$로 따내기 하고, $L_{ev} = 40\text{mm}$, $L_{eh} = 45\text{mm}$이다. 단, 볼트는 표준구멍의 F10T-N(나사부내), M20을 사용한다.

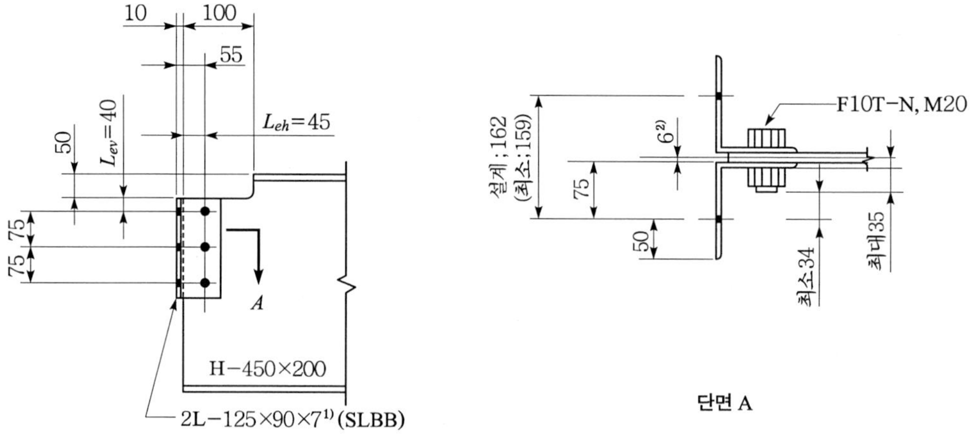

〈 쌍ㄱ형강 볼트접합 〉

• 단면A의 치수들은 도움표 2.1.15 볼트끼우기의 조임유격 값임.

재질규격;

따낸보; H-450×200×9×14, KS SHN355, $F_y = 355\text{MPa}$, $F_u = 490\text{MPa}$

큰보; H-500×200×10×16, KS SHN355, $F_y = 355\text{MPa}$, $F_u = 490\text{MPa}$

ㄱ형강; 2L-125×90×7[1], KS SS275, $F_y = 275\text{MPa}$, $F_u = 410\text{MPa}$

주 1) KS규격에는 L-125×90×7이 없으므로 $t_a = 10\text{mm}$로 사용할 수 있다(예제에서는 설명을 위하여 $t_a = 7\text{mm}$로 검토함.).
2) 이 값은 보웨브두께의 1/2에 2mm이내의 값을 더하여 2mm의 배수 중 가장 작은 값으로 한다(예제 3.1.1 참조).

▌풀이

1. 설계하중;

$$R_u = 1.2(45) + 1.6(135)$$
$$= 270\text{kN}$$

2. 볼트 및 ㄱ-형강의 설계[1]

F10T-N, M20 볼트, 표준구멍 사용, $n_b = 3$개, $t_a = 7\text{mm}$일 때,

볼트전단, ㄱ형강에 대한 볼트; 볼트지압, 전단항복 및 블록전단파단 검토

도움표 3.1.1b에서

$$\phi R_n = 398\text{kN} \quad > \quad R_u = 270\text{kN} \qquad 적합$$

주 : ㄱ형강 연단거리 $L_{ev} = 40\text{mm}$로 도움표 기준 35mm와 상이하나 안전측이어서 도움표를 그대로 적용하였다.

3. 보웨브에 대한 검토

상부플랜지 따낸 보, $L_{ev}=40$, $L_{eh}=45$, 표준구멍 볼트지압 및 블록전단파단 검토

도움표 3.1.1b에서

$$\phi R_n = 40.4t_w$$

$$= 40.4(9) = 364\text{kN} \;>\; R_u = 270\text{kN} \quad \text{적합}$$

4. 지지부재(큰보웨브)에 대한 볼트지압 검토

$t_w = 10$일 때, 도움표 3.1.1b에서

$$\phi R_n = 106t_w = 106(10) = 1{,}060\text{kN} > R_u \quad \text{적합}$$

주 : KS규격에는 L−125×90×7($t_a=7$)이 없으므로 대신에 $t_a = 10\text{mm}$를 사용할 수 있다. 도움표 3.1.1b에서 $t_a = 10\text{mm}$이면 2개의 볼트를 사용하여도 내력은 충분하나, 보를 설치할 때 안정을 위하여 접합요소인 ㄱ형강의 최소 길이가 보 T치수의 1/2 이상이 권장되므로(설계 매뉴얼 3.1.5.2참조) 3개의 볼트를 사용한다($T/2=(450-50-14-18)/2=184 \;<\; L_a = 230$).
아울러 표에서 $t_a = 7\text{mm}$일 때, F10T와 F8T의 설계강도는 동일하며 M20볼트의 설계강도($\phi R_n = 398\text{kN}$)가 M22 ($\phi R_n = 382\text{kN}$)보다 크다. 이는 접합부의 설계강도 산정시 볼트전단력의 증가 영향보다 볼트구멍 공제면적 감소의 영향이 더 크기 때문이다. 따라서 접합부 설계에서 볼트의 재질이 고강도(F10T > F8T)이거나, 직경이 큰 경우(M22 > M20)에 언제나 설계강도가 큰 것은 아니므로, 안전하고 경제적인 설계를 위해서 접합부형상을 적절하게 선정해야 함을 알 수 있다.

5. 따낸보에 대한 검토

한계상태의 항복과 국부좌굴에 대하여 설계매뉴얼 제2장(2.3.9.3 따낸보)의 내용과 같이 독립적인 검토를 해야 한다.

(1) 따낸보에 대한 휨파단 검토; $d_c = 50\text{mm}$

$s_{\text{net}} = 375\times10^3\text{mm}^3$ 도움표 2.3.2

$$R_n = \frac{F_u}{e}s_{\text{net}} = 490(375\times10^3)(10^{-3})/(100+10) = 1{,}670\text{kN} \qquad \text{설계매뉴얼 식(2.3.9.3-1)}$$

$$\phi = 0.75$$

$$\phi R_n = 0.75(1{,}670)$$

$$= 1{,}253\text{kN} \;>\; R_u = 270\text{kN} \quad \text{적합}$$

(2) 따낸보의 항복과 국부웨브좌굴 검토

$c \le 2d$ 및 $d_c \le d/2$ 검토;

$c = 100 \le 2(450) = 900$ 적합

$d_c = 50 \le 450/2 = 225$ 적합

$c/d = 100/450 = 0.222$; $c/h_0 = 100/400 = 0.25$

$c/d \le 1.0$이므로

$f = 2(c/d) = 2(0.222) = 0.444$

$c/h_0 \le 1.0$이므로($h_0 = d - d_c = 400$)

$k = 2.2(h_0/c)^{1.65} = 2.2(400/100)^{1.65} = 21.7$

$$F_{cr} = 185{,}000(t_w/h_0)^2 fk = 185{,}000(9/400)^2(0.444)(21.7) \qquad \text{설계매뉴얼 식(2.3.9.3-3)}$$

$$= 902\text{MPa} \;\le F_y \quad \therefore F_{cr} = F_y = 355\text{MPa 사용}$$

$$R_n = \frac{F_{cr}}{e} s_{net} = 355(375\times 10^3)(10^{-3})/(100+10) = 1{,}210\text{kN}$$

$\phi = 0.9$

$\phi R_n = 0.9(1{,}210)$

$= 1{,}090\text{kN} \quad > \quad R_u = 270\text{kN}$ 적합

(3) 보웨브의 전단항복 검토

$R_n = 0.6F_y A_g = 0.6(355)(9)(400)(10^{-3}) = 767\text{kN}$ 기준식(4.7-15)

$\phi = 1.0$

$\phi R_n = 1.0(767)$

$= 767\text{kN} \quad > \quad R_u = 270\text{kN}$ 적합

(4) 보웨브의 전단파단 검토;

$A_{nv} = t_w[h_0 - 3(d_h)] = (9)[400 - 3(22)] = 3{,}006\text{mm}^2$

$R_n = 0.6F_u A_{nv} = 0.6(490)(3{,}006)(10^{-3}) = 884\text{kN}$ 기준식(4.7-16)

$\phi = 0.75$

$\phi R_n = 0.75(884)$

$= 663\text{kN} \quad > \quad R_u = 270\text{kN}$ 적합

주 : 보의 따냄(coped)시 주의사항을 참고한다.

▌예제 3.1.5▐ 쌍ㄱ형강 용접/볼트접합 (따낸보)

예제 3.1.4와 동일한 하중조건으로 보웨브와 쌍ㄱ형강 사이를 볼트 대신 용접(용접A)접합으로 설계한다.

$R_D = 45\text{kN}$, $R_L = 135\text{kN}$

보의 상부플랜지는 춤 $d_c = 50\text{mm}$, 길이 $L_c = 100\text{mm}$를 따내기 하고, $L_{ev} = 40\text{mm}$, $L_{eh} = 45\text{mm}$이다. 단, 용접재는 $F_w = 490\text{MPa}$, 볼트는 표준구멍의 F10T-N(나사부내), M20을 사용한다.

주 1) 따낸보 웨브상부와 ㄱ형강의 상부 절단면사이는 용접부턱이 필요함 설계매뉴얼 2.2.8.6(3) 참조).
2) 이 값은 보웨브두께의 1/2에 2mm이내의 값을 더하여 2mm의 배수 중 가장 작은 값으로 한다(예제 3.1.1 참조).

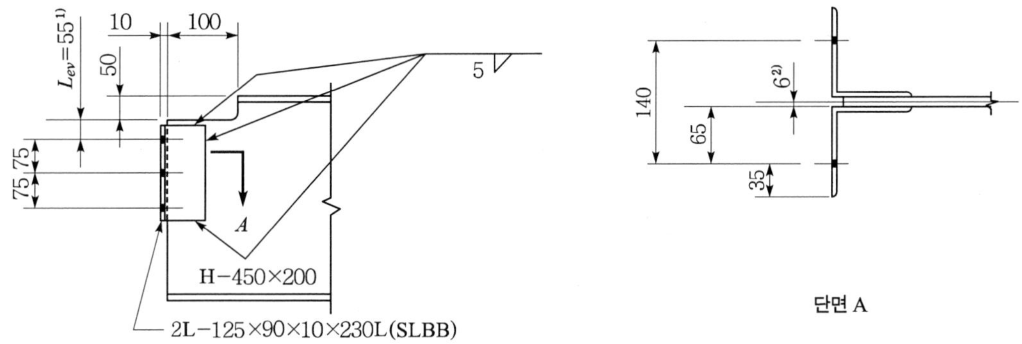

〈 쌍ㄱ형강 볼트/용접접합 〉

재질규격;

따낸보; H−450×200×9×14, KS SHN355, $F_y = 355\text{MPa}$, $F_u = 490\text{MPa}$

큰보; H−500×200×10×16, KS SHN355, $F_y = 355\text{MPa}$, $F_u = 490\text{MPa}$

ㄱ형강; 2L−125×90×10, KS SS275, $F_y = 275\text{MPa}$, $F_u = 410\text{MPa}$

▌풀이

1. 설계하중;

$$R_u = 1.2(45) + 1.6(135)$$
$$= 270\text{kN}$$

2. 용접(용접A) 설계

$F_y = 235\text{MPa}$, $s = 75\text{mm}$, $n_b = 3$열, $L_a = 230$, $w = 5\text{mm}$일 때, 도움표 3.1.2에서

$\phi R_n = 597\text{kN} \;>\; R_u$ 적합

${}_{\min}t_w = 8.45\text{mm} \;<\; 9\text{mm}$ 적합

3. ㄱ형강 최소 두께 검토; 필릿용접사이즈에 의한 소요 두께; 기준 (4.7.2.3(2))

${}_{\min}t_a = w + 2 = 5 + 2 = 7\text{mm} \;\leq\; 10\text{mm}$ 적합

4. 볼트 및 ㄱ형강의 설계

(ㄱ형강-큰보웨브), $t_a = 10$, F10T-N, 3-M20 일 때 도움표 3.1.1b에서

$\phi R_n = 565\text{kN} \ > \ R_u$ 적합

주 : ㄱ형강 연단거리 $L_{ev} = 40\text{mm}$로 도움표 기준 35mm와 상이하나 안전측이어서 도움표를 그대로 적용하였다.

5. 지지부재(큰보웨브) 볼트지압 검토; 예제 3.1.4의 4와 동일

6. 따낸 보에 대한 검토; (1)~(3); 예제 3.1.4의 5와 동일

(1) 보웨브의 전단파단 검토;

예제 3.1.4와 달리 볼트구멍에 의한 면적공제가 없으므로 안전측임.

$R_u = 0.6F_u A_{nv} = 0.6(490)(9)(400)(10^{-3}) = 1{,}060\text{kN}$

$\phi R_n = 0.75(1{,}060) = 795\text{kN} \ > \ R_u$ 적합

▌예제 3.1.6▐ 쌍ㄱ형강 볼트 쌍접합(작은보-큰보웨브)

그림과 같이 큰보웨브를 사이에 두고, 쌍접합(양쪽에서 접합)되는 따낸 단순보들이 다음의 단부반력을 지지하기 위한 쌍ㄱ형강 볼트접합을 설계한다.

보 A; ${}_AR_D = 18.5\text{kN}$, ${}_AR_L = 55.5\text{kN}$

보 B; ${}_BR_D = 85\text{kN}$, ${}_BR_L = 255\text{kN}$

단, 볼트는 표준구멍의 F10T-N(나사부내), M20을 사용한다.

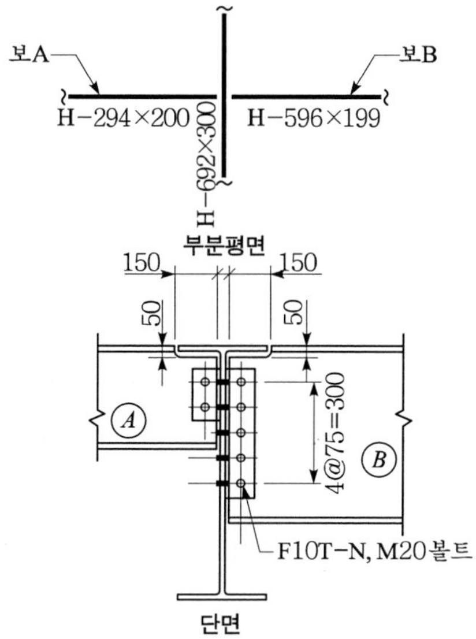

〈 쌍ㄱ형강 볼트 쌍접합(작은보-큰보웨브) 〉

재질규격;

보A; H-294×200×8×12, KS SHN355, $F_y = 355\text{MPa}$, $F_u = 490\text{MPa}$

보B; H-596×199×10×15, KS SHN355, $F_y = 355\text{MPa}$, $F_u = 490\text{MPa}$

큰보; H-692×300×12×20, KS SHN355, $F_y = 355\text{MPa}$, $F_u = 490\text{MPa}$

ㄱ형강; 2L-100×90×7[1], KS SS275, $F_y = 275\text{MPa}$, $F_u = 410\text{MPa}$

주 1) KS규격에 L-100×90×7이 없으므로 L-100×100×7로 사용할 수 있다.

따낸보의 성능; (도움표 2.3.2 참조)

보 A (H-294×200); $d_c = 50\text{mm}$, $c = 150\text{mm}$, $e = 160\text{mm}$, $h_0 = 244\text{mm}$,

$s_{\text{net}} = 130 \times 10^3\text{mm}^3$

보 B (H-596×199); $d_c = 50\text{mm}$, $c = 150\text{mm}$, $e = 160\text{mm}$, $h_0 = 546\text{mm}$,

$s_{\text{net}} = 741 \times 10^3\text{mm}^3$

▌풀이

A. 보 A에 대한 설계

A1. 설계하중

$R_u = 1.2(18.5) + 1.6(55.5)$ 그림 3.1.52 쌍ㄱ형강 볼트 쌍접합(작은보-큰보웨브)

$= 111\text{kN}$

A2. ㄱ형강의 검토

n_b =2개, $t_a = 7\text{mm}$일 때, $L_{ev} = 40$, $L_{eh} = 35$

볼트전단, 볼트지압, 전단항복, 전단파단 및 블록전단파단 검토

도움표 3.1.1b에서

$\phi R_n = 261\text{kN} \ > \ R_u$ 적합

주 : ㄱ형강 연단거리 $L_{ev} = 40\text{mm}$로 도움표 기준 35mm와 상이하나 안전측이어서 도움표를 그대로 적용하였다.

A3. 보웨브에 대한 검토

상부플랜지 따낸보, $L_{ev} = 40$, $L_{eh} = 45$, 표준구멍

볼트지압 및 블록전단파단 검토

도움표 3.1.1b에서

$\phi R_n = 28.7 t_w$

$= 28.7(8) = 230\text{kN} \ > \ R_u$ 적합

A4. 따낸 보의 휨파단 검토

$d_c = 50\text{mm}, \ e = 150 + 10 = 160\text{mm}$

$s_{\text{net}} = 130 \times 10^3 \text{mm}^3$ 도움표 2.3.2

$\phi = 0.75$

$$\phi R_n = \frac{\phi F_u}{e} s_{\text{net}}$$

$$= \frac{0.75(490)}{160}(130)$$

$= 299\text{kN} \ > \ R_u$ 적합

A5. 따낸보의 휨항복과 국부웨브좌굴 검토

$s_{\text{net}} = 130 \times 10^3 \text{mm}^3$

$c \le 2d$ 및 $d_c \le d/2$ 검토;

$c = 150 \le 2(294) = 588$ 적합

$d_c = 50 \le 294/2 = 147$ 적합

$c/d = 150/294 = 0.510 \le 1.0$; $c/h_0 = 150/244 = 0.615 \le 1.0$

판좌굴모드 조정계수 산정;

$f = 2(c/d) = 2(0.510) = 1.02$

판좌굴상수 계산;

$k = 2.2(h_0/c)^{1.65} = 2.2(1/0.615)^{1.65} = 4.91$

$F_{cr} = 185{,}000(t_w/h_0)^2 fk = 185{,}000(8/244)^2(1.02)(4.91)$ 설계매뉴얼 식(2.3.9.3-3)

$= 996\text{MPa} \ \le F_y$ 이어야 하므로, $\therefore F_{cr} = F_y = 355\text{MPa}$ 사용

$\phi = 0.9$

$$\phi R_n = \frac{\phi F_{cr}}{e} S_{\neq t}$$

$$= \frac{0.9(355)}{160}(130)$$

$= 260\text{kN} \ > \ R_u$ 적합

A6. 보웨브의 전단항복 검토

$R_n = 0.6 F_y A_g = 0.6(355)(8)(244)(10^{-3}) = 416\text{kN}$ 기준식(4.7-15)

$\phi = 1.0$

$\phi R_n = 1.0(416)$

$= 416\text{kN} \ > \ R_u$ 적합

A7. 보웨브의 전단파단 검토

$A_{nv} = t_w[h_0 - 2(d_h + 2)] = 8(244 - 48) = 1{,}568\text{mm}^2$

$R_n = 0.6 F_u A_{nv} = 0.6(490)(1{,}568)(10^{-3}) = 461\text{kN}$ 기준식(4.7-16)

$\phi = 0.75$

$\phi R_n = 0.75(461)$

$= 346\text{kN} \ > \ R_u$ 적합

B. 보 B에 대한 설계

B1. 설계하중

$R_u = 1.2(85) + 1.6(255)$

$= 510\text{kN}$

B2. ㄱ형강의 검토

n_b =5개, $t_a = 7\text{mm}$일 때,

볼트전단, 볼트지압, 전단항복, 전단파단 및 블록전단파단 검토

도움표 3.1.1b에서

$\phi R_n = 672\text{kN} \ > \ R_u = 510\text{kN}$ 적합

B3. 보웨브에 대한 검토

따낸보, $L_{ev} = 40$, $L_{eh} = 45$, 표준구멍

볼트지압 및 블록전단파단 검토

도움표 3.1.1b에서

$\phi R_n = 63.8 t_w$

$= 63.8(10) = 638\text{kN} \ > \ R_u$ 적합

B4. 따낸보의 휨파단 검토

$d_c = 50\text{mm}$, $e = 150 + 10 = 160\text{mm}$

$s_{\text{net}} = 741 \times 10^3 \text{mm}^3$ 도움표 2.3.2

$\phi = 0.75$

$\phi R_n = \dfrac{\phi F_u}{e} s_{net}$

$= 1{,}702\text{kN} \ > \ R_u$ 적합

B5. 따낸보의 휨항복과 국부웨브좌굴 검토

$s_{\text{net}} = 741 \times 10^3 \text{mm}^3$

$c \le 2d$ 및 $d_c \le d/2$ 검토;

$c = 150 \le 2(596) = 1{,}200$ 적합

$d_c = 50 \le 596/2 = 300$ 적합

$c/d = 150/596 = 0.25 \le 1.0$; $c/h_0 = 150/546 = 0.273 \le 1.0$

판좌굴모드 조정계수 산정;

$f = 2(c/d) = 2(0.25) = 0.50$

판좌굴상수 계산;

$k = 2.2(h_0/c)^{1.65} = 2.2(1/0.273)^{1.65} = 18.7$

$F_{cr} = 185{,}000(t_w/h_0)^2 fk = 185{,}000(10/546)^2(0.50)(18.7)$ 설계매뉴얼 식(2.3.9.3-3)

$= 580\text{MPa} \ \le F_y$ 이어야 하므로, $\therefore F_{cr} = F_y = 355\text{MPa}$ 사용

$\phi = 0.9$

$$\phi R_n = \frac{\phi F_{cr}}{e} s_{\text{net}}$$

$$= \frac{0.9(355)}{160}(741)$$

$$= 1{,}480\text{kN} \ > \ R_u$$ 적합

B6. 보웨브의 전단항복 검토

$R_n = 0.6F_y A_g = 0.6(355)(10)(546)(10^{-3}) = 1{,}163\text{kN}$ 기준식(4.7-15)

$\phi = 1.0$

$\phi = 1.0$

$\phi R_n = 1.0(1{,}163)$

$= 1{,}163\text{kN} \ > \ R_u$ 적합

B7. 보웨브의 전단파단 검토;

$A_{nv} = t_w[h_0 - 5(d_h + 2)] = 10(546 - 120) = 4{,}260\text{mm}^2$

$R_n = 0.6F_u A_{nv} = 0.6(490)(4{,}260)(10^{-3}) = 1{,}252\text{kN}$ 기준식(4.7-16)

$\phi = 0.75$

$\phi R_n = 0.75(1{,}252)$

$= 939\text{kN} \ > \ R_u$ 적합

G. 큰보 검토;

G1. 큰보웨브 지압 검토

볼트의 소요 지압강도는 쌍접합되는 양쪽 보에 의해 재하되는 상부볼트에서 최대가 된다. 따라서 쌍접합의 상부 4개볼트에 대하여 소요강도를 아래와 같이 산정한다.

(1) 설계지압력(볼트 전단력);

① 보 A에서 각 볼트들은 설계하중의 1/4인 전단력을 받으므로;

${}_AV_u = 111/4 = 27.8\text{kN}/$볼트

② 보B에서 각 볼트들은 설계하중의 1/10인 전단력을 받으므로;

${}_BV_u = 510/10 = 51.0\text{kN}/$볼트

보A와 보B의 반력에 대한 볼트당 전단강도 합계;

$V_u = 27.8 + 51.0 = 78.8\text{kN}/$볼트

(2) 볼트당 설계 지압강도;

볼트당 설계 지압강도는 표준구멍, $F_u = 490\text{MPa}$, $S = 75\text{mm}$, M20일 때

도움표 2.1.4로부터

$\phi r_n = 17.6 t_w = 17.6(12) = 211\text{kN} > V_u = 78.8\text{kN}$ 적합

상세 주;

ㄱ형강다리(100mm)의 게이지를 61.5mm로 하고 큰보 웨브의 게이지를 135mm로 하면 ㄱ형강의 연단거리는 38.5mm가 된다. ㄱ형강들 사이 간격은 12mm가 되어 보 A($t_{wA} = 8\text{mm}$)에 대하여는 4mm, 보 B($t_{wB} = 10\text{mm}$)에 대하여는 2mm의 여유가 있어 쉽게 보를 끼워넣을 수 있다. 보 A 또는 보 B와 접합되는 ㄱ형강의 게이지는 55mm로 한다.

주 : 위의 설계 검토절차 중 A2.(n_b=2개)와 B2.(n_b=5개)에서, $t_a = 7\text{mm}$ 또는 $t_a = 8\text{mm}$일 때, 볼트직경이 M20이나 M22일 때, 볼트 강도등급(F8T 또는 F10T)과 무관하게 설계강도는 모두 동일하다(도움표 3.1.1b 참조).

▍예제 3.1.7▍ 쌍ㄱ형강 볼트 엇갈림 쌍접합 (작은보-큰보웨브)

그림과 같이 큰보웨브를 사이에 두고 엇갈림으로 쌍접합되는 단순보의 단부반력을 지지하기 위한 따낸보-큰보웨브 사이 쌍ㄱ형강 온볼트접합을 설계한다. 접합부는 150mm의 엇갈림을 수용하도록 설계한다. 보의 상부플랜지는 깊이 $d_c = 50\text{mm}$, 길이 $L_c = 100\text{mm}$로 따내고, $L_{ev} = L_{eh} = 45\text{mm}$이다.

단, 볼트는 F10T-N(나사부내), M20으로, 단슬롯구멍(ㄱ형강)과 표준구멍(보웨브)을 사용한다.

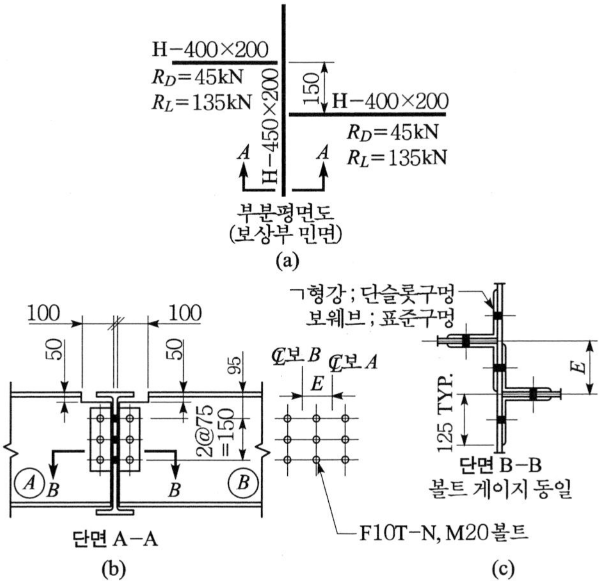

〈 쌍ㄱ형강 볼트 엇갈림 쌍접합 〉

재질규격;

보; H-400×200×8×13, KS SHN355, $F_y = 355\text{MPa}$, $F_u = 490\text{MPa}$

[따낸보; $d_c = 50\text{mm}$, $L_c = 100\text{mm}$, $S_0 = 261\times10^3\text{mm}^3$(도움표 2.3.2)]

큰보; H-450×200×9×14, KS SHN355, $F_y = 355\text{MPa}$, $F_u = 490\text{MPa}$

ㄱ형강; 2L-125×90×7[1], KS SS275, $F_y = 275\text{MPa}$, $F_u = 410\text{MPa}$

주 1) KS규격에 L-125×90×7이 없으므로 $t_a = 10\text{mm}$로 사용할 수 있다.

▍풀이

예제 3.1.5를 이 예제의 조건에 적합하도록 조정하고, 2L-125×90×7을 SLBB(짧은다리 등맞대기)로 사용한다. 엇갈림치수(150mm)는 예제 3.1.5 게이지(135mm)와 차이가 있으나 검토절차는 동일하다. 이 예제에서는 양쪽 보의 반력을 동시에 받고 있는 중앙부 수직볼트들(관통볼트)의 지압에 대하여 검토해야 한다.

1. 설계하중;

$$R_u = 1.2(45) + 1.6(135) = 270\text{kN}\ (\text{보 A 및 보 B 각각의 반력})$$

2. 볼트 및 ㄱ형강의 설계

F10T-N, M20 볼트, 표준구멍 사용

$n_b = 3$개, $t_a = 7$mm일 때,

볼트전단, ㄱ형강에 대한 볼트; 볼트지압, 전단항복 및 블록전단파단 검토

도움표 3.1.1b에서

$\phi R_n = 398\text{kN} \ > \ R_u = 270\text{kN}$ 적합

3. 보웨브에 대한 검토

상부플랜지 따낸 보, $L_{ev} = 45$, $L_{eh} = 45$, 표준구멍

볼트지압 및 블록전단파단 검토;

$\phi R_n = 41.5 t_w = 41.5(8) = 332\text{ kN} \ > \ R_u = 270\text{kN}$ 적합

4. 볼트의 전단력과 지지부재(큰보웨브)에 대한 볼트지압 검토;

(1) 볼트의 전단강도 검토; 중앙볼트열(3개), 2면전단

볼트당 소요전단력[1] $r_u = 2(R_u)/2(n_b)$

$= 2(270)/2(3)$

$= 90\text{kN/ea} \ < \ \phi r_n = 188\text{kN}$ 적합 (도움표 2.1.1 참조)

주 : 만일 엇갈림 쌍접합되는 볼트들이 보웨브를 중심으로 동일 간격이 아닐 때 각 볼트열의 힘은 볼트열 사이에서 접합재(ㄱ형강)를 단순보처럼 가정하고 정력학을 적용하여 단순보의 반력처럼 산정한다.

(2) 큰보웨브의 볼트지압 검토

$t_w = 9$mm일 때, 도움표 3.1.1b에서

$\phi R_n = 52.9 t_w$

$= 52.9(9) = 476\text{kN} \ > \ R_u = 270\text{kN}$ 적합

또는 볼트당 설계지압강도는 표준구멍, $F_u = 490$MPa, $S = 75$mm, M20일 때

도움표 2.1.4로부터

$\phi r_n = 17.6 t_w = 17.6(9) = 158\text{kN}$

설계지압강도는

$\phi R_n = n_b(\phi r_n) = 3(158) = 475\text{kN} \ > \ R_u = 270\text{kN}$ 적합

5. 따낸보에 대한 검토;

*한계상태의 항복과 국부좌굴에 대하여 설계매뉴얼 제2장(2.3.9.3 따낸보)의 내용과 같이 독립적인 검토를 해야 한다(예제 3.1.4와 동일한 절차).

▌예제 3.1.8▐ 빗각 쌍절곡판접합 (작은보-큰보웨브)

다음의 단부반력을 받는 단순보를 큰보웨브에서 빗각으로 지지하기 위한 쌍절곡판 용접/볼트접합을 설계한다.

$R_D = 60\text{kN}$, $R_L = 180\text{kN}$

단, F10T-N(나사부내), M20 볼트를 지지부재(큰보웨브)에는 표준구멍(STN)으로, 절곡판에는 단슬롯구멍(SSL)을 사용하여 접합하고, 용접재는 $F_w = 490\text{MPa}$을 사용한다.

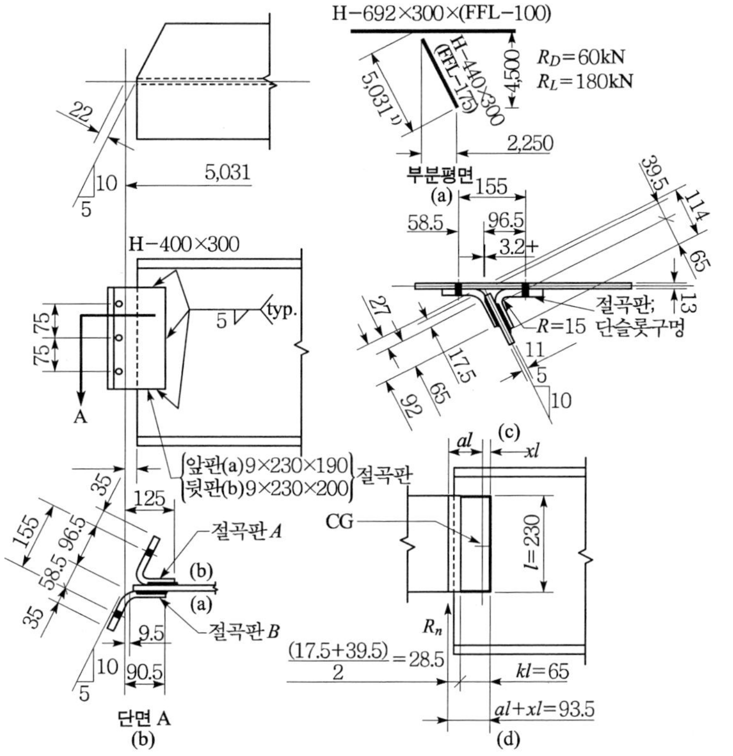

〈 빗각 쌍절곡판접합(작은보-큰보웨브) 〉

주 : 단순보의 경간($l = 5{,}031$)을 무축척(nonscale)으로 표시한 것이며, 내민보(cantilever beam)가 아님.

재질규격;

보; H-440×300×11×18, KS SHN355, $F_y = 355\text{MPa}$, $F_u = 490\text{MPa}$

큰보; H-692×300×13×20, KS SHN355, $F_y = 355\text{MPa}$, $F_u = 490\text{MPa}$

절곡판; KS SS275, $F_y = 275\text{MPa}$, $F_u = 410\text{MPa}$

▌풀이

1. 설계하중;

$$R_u = 1.2(60) + 1.6(180)$$
$$= 360\text{kN}$$

2. 절곡판 A, B의 소요강도

각 볼트열의 하중은 접합부 단면(b)를 참조하여 볼트사이를 단순보라고 가정하고, 정역학적으로 산정한다.

(1) 절곡판A의 소요강도;

$${}_{A}R_u = 360(58.5)/155$$
$$= 136\text{kN}$$

(2) 절곡판B의 소요강도;

$${}_{B}R_u = 360 - 136$$
$$= 224\text{kN}$$

3. 용접부 설계;

판의 상하부용접 길이는 65mm이며, 하중은 보의 중심선과 지지재 표면의 교차점에 작용한다고 가정한다. 한편, 용접은 보웨브면의 양쪽에서 엇갈리게 배치되어 동일한 위치가 아니므로(그림(b) 및 (c) 참조), 용접군을 그림과 같이 평균하여 같은 곳에 위치한다고 가정하고, 한쪽(소요강도가 큰쪽)면에 대하여 검토한다. 판의 춤을 230mm로 하면;

$k = kl/l = 65/230 = 0.2826$, $al + xl = 93.5$(그림(d) 참조)

$xl = 2kl(kl/2)/(2kl + l) = kl^2/(2kl + l) = 65^2/\{2(65) + 230\} = 11.736$

$a = [(al + xl) - xl]/l = (93.5 - 11.736)/230 = 0.355$

도움표 2.2.9-5에서, $\theta = 0°$, $k = 0.2826$, $a = 0.355$일 때 직선보간하여,

k = 0.2 ; a = 0.3일 때 C = 0.264, a = 0.4일 때 C = 0.232이므로

C = 0.264 + (0.232 − 0.264)(0.355 − 0.3)/0.1 = 0.2464

k = 0.3 ; a = 0.3일 때 C = 0.312, a = 0.4일 때 C = 0.274이므로

C = 0.312 + (0.274 − 0.312)(0.355 − 0.3)/0.1 = 0.2911

따라서 k = 0.2826 일 때 C = 0.2464 + (0.2911 − 0.2464)(0.2826 − 0.2)/0.1 = 0.2833

$\phi = 0.75$

$D_{min} = R_u/\phi CC_1 l = 224/\{0.75(0.2833)(1.0)(230)\} = 4.6\text{mm}$ → 용접사이즈 $s = 5\text{mm}$로 함.

3a. 보웨브 두께 검토; $t_{w,\ min} = 693w/F_u = 693(5)/490 = 7.1\text{mm} < t_w = 11\text{mm}$ 적합 ($F_w = 490\text{MPa}$인 경우)

판두께 6mm~13mm일 때 필릿용접 최소사이즈는 $s = 5\text{mm}$이므로 절곡판두께를 $t_p = 8\text{mm}$로 가정한다 (기준표 4.7-6 참조).

4. 볼트접합부 설계;

절곡판의 설계(최대) 전단력;

$$R_n = 224\text{kN}$$

(1) 볼트 전단력검토; F10T-N, M22 볼트, 1면전단(도움표 2.1.1 참조)

$\phi r_n = 114\text{kN}/$개

$n_b = 224/114 = 1.96 \Rightarrow$ 3개

$$\phi R_n = 114(3)$$
$$= 342\text{kN} > R_u \quad \text{적합}$$

주 : 2개의 볼트를 사용하여도 내력은 충분하나, 보를 설치할 때 안정을 위하여 3개의 볼트를 사용한다. (예제 3.1.14.4 참조)

(2) 지지부재(큰보)의 지압검토; $S=75$, $F_u=490$, M22, $n_b=3$, $t_w=13$, 표준구멍, 좌측(절곡판 B)볼트 (도움표 2.1.4 참조)

$\phi r_n = 19.4t_w = 19.4(13) = 252.2\text{kN}$

$\phi R_n = n_b(\phi r_n) = 3(252.2)$

$= 757\text{kN} \;>\; R_u = 224\text{kN}$ 적합

또는 도움표 3.1.1b로부터 $\phi R_n = 58.2t_w = 58.2(13) = 757\text{kN} \;>\; R_u = 224\text{kN}$

(3) 절곡판 검토; $t_p = 8\text{mm}$, $F_u = 410\text{MPa}$

1) 지압강도 검토;

볼트간격별; $S = 75\text{mm}$ 도움표 2.1.4

$\phi_v r_{ni} = 16.2t_p$

연단거리별; $L_{ev} = 40\text{mm}$이므로 도움표 2.1.5에서 직선보간

$\phi r_{no} = \{(6.64+14.0)/2\}t_p = 10.32t_p$

$\phi R_n = n_{bi}(\phi r_{ni}) + n_{bo}(\phi r_{no}) = 2(16.2)t_p + 1(10.32)t_p$

$= (42.72)t_p = 42.72(8) = 342\text{kN} \;>\; R_u = 224\text{kN}$ 적합

2) 전단항복강도 검토;

$\phi = 1.0$

$\phi R_n = \phi 0.6F_y A_{gv}$

$= 1.0(0.6)(275)(230)(8)/10^3$

$= 304\text{kN} \;>\; R_u$ 적합

3) 전단파단강도 검토;

$l_n = [230 - 3(24+2)] = 152\text{mm}$;

$\phi = 0.75$

$\phi R_n = \phi 0.6F_u A_{nv} = 0.75(0.6)(410)(152)(8) = 224\text{kN} \;\le\; R_u = 224\text{kN}$ 부적합

따라서 절곡판 두께 $t_p = 9\text{mm}$로 증가한다.

$\phi R_n = 0.75(0.6)(410)(152)(9) = 252\text{kN} \;>\; R_u = 224\text{kN}$ 적합

4) 블록전단파단강도 검토; $n_b = 3$개, $L_{ev} = 40\text{mm}$, $L_{eh} = 35\text{mm}$

$\phi R_n = \phi F_u A_{nt} U_{bs} + \min.[\phi 0.6F_y A_{gv},\ \phi 0.6F_u A_{nv}]$

* 인장파단요소; $L_{eh} = 35\text{mm}$, $U_{bs} = 1.0$(1열볼트)

$\phi F_u A_{nt} = 7.07t_p$ 도움표2.3.3a

* 전단항복요소; $L_{ev} = 40\text{mm}$, $F_y = 275\text{MPa}$, $n_b = 3$개

$\phi 0.6F_y A_{gv} = 23.5t_p$ 도움표2.3.3b

* 전단파단요소; $L_{ev} = 40\text{mm}$, $F_u = 410\text{MPa}$, $n_b = 3$개, M22

$\phi 0.6F_y A_{nv} = 24.0t_p \;>\; 23.5t_p$ 도움표2.3.3c

$\phi R_n = (7.07+23.5)t_p = 30.57t_p$

$= 30.57(9) = 275\text{kN} > R_u = 224\text{kN}$ 적합

❙ 예제 3.1.9 ❙ 전단단부판접합 (보-큰보웨브)

다음의 단부반력을 지지하기 위한 따낸 단순보-큰보웨브 사이 전단단부판접합을 설계한다.

$R_D = 45\text{kN}$, $R_L = 135\text{kN}$

단, 볼트는 표준구멍의 F10T-N(나사부내), M20, 용접재는 $F_w = 490\text{MPa}$를 사용한다.

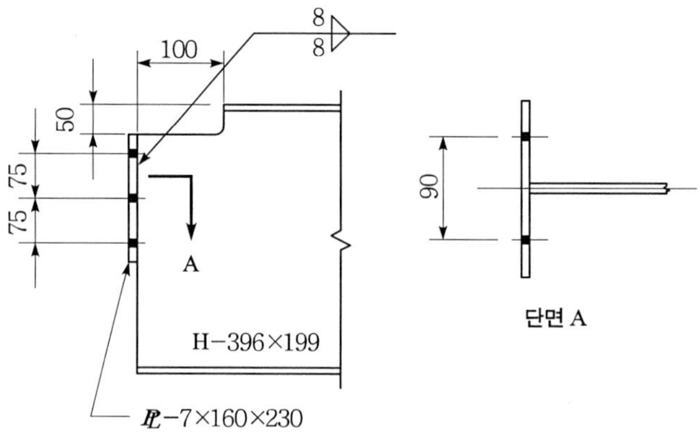

〈 전단단부–판접합 〉

재질규격;

보; H−396×199×7×11, KS SHN355, $F_y = 355\text{MPa}$, $F_u = 490\text{MPa}$ (따냄; $d_c = 50\text{mm}$, $c = 100\text{mm}$, $h_0 = 346\text{mm}$)

큰 보; H−500×200×10×16, SHN355, $F_y = 355\text{MPa}$, $F_u = 490\text{MPa}$

단부판; KS SS275, $F_y = 275\text{MPa}$, $F_u = 410\text{MPa}$

❙ 풀이

1. 설계하중;

$$R_u = 1.2(45) + 1.6(135)$$
$$= 270\text{kN}$$

2. 전단단부판 설계

볼트전단, 단부판에 대한 볼트지압, 전단항복, 전단파단 및 블록전단파단검토;

M20 3열볼트, $t_p = 7\text{mm}$일 때, 도움표 3.1.4b에서

$$\phi R_n = 398\text{kN} \quad > \quad R_u \qquad \text{적합}$$

주 : 단부판 연단거리 $L_{ev} = 40\text{mm}$로 도움표 기준 35mm와 상이하나 안전측이어서 도움표를 그대로 적용하였다.

3. 용접부 검토;

용접부 전단, 보웨브 전단파단 검토

$L_p = 230(n_b = 3\text{열})$, $s = 8\text{mm}$일 때, 도움표 3.1.4b에서

$$\phi R_n = 509\text{kN}$$

${}_{\min}t_w = 11.3\text{mm} > 7\text{mm} = t_w$; 두께비에 따라 강도저감 필요;

$R_n = 509(7/11.3) = 315.3\text{kN} \quad \geq R_u = 270\text{kN}$ 적합

4. 지지부재(큰 보웨브)에 대한 볼트지압 검토;

$t_w = 10$일 때, 도움표 3.1.4b에서

$\phi R_n = \phi(66.4t_w) = 1.0(66.4)(10)$

$= 66.4(10) = 664\text{kN} \quad > \quad R_u = 270\text{kN}$

5. 보의 따냄(coped)부분에 대한 검토;

(따낸보에 대한 한계상태의 휨파단, 웨브항복, 국부좌굴 및 전단에 대하여 설계매뉴얼 2.3.9.3 따낸보 및 예제 3.1.4와 같은 절차로 검토한다.)

(1) 따낸보에 대한 휨파단 검토; $d_c = 50\text{mm}$, $c = 100\text{mm}$, $e = c + t_p \cong 110$

H−396×199, $s_{\text{net}} = 224 \times 10^3 \text{mm}^3$ 도움표 2.3.2

$R_n = \dfrac{F_u}{e} s_{\text{net}} = 490(224 \times 10^3)/(110)(10^3) = 998\text{kN}$ 설계매뉴얼 식(2.3.9.3−1)

$\phi = 0.75$

$\phi R_n = 0.75(998)$

$= 748\text{kN} \quad > \quad R_u = 270\text{kN}$ 적합

(2) 따낸 단면의 휨항복과 국부웨브좌굴 검토;

$c \leq 2d$ 및 $d_c \leq d/2$ 검토;

$c = 100 \leq 2(396) = 792$ 적합

$d_c = 50 \leq 396/2 = 198$ 적합

$c/d = 100/396 = 0.253$; $c/h_0 = 100/346 = 0.289$

$c/d \leq 1.0$이므로

$f = 2(c/d) = 2(0.253) = 0.505$

$c/h_0 \leq 1.0$이므로($h_0 = d - d_c = 346$)

$k = 2.2(h_0/c)^{1.65} = 2.2(1/0.289)^{1.65} = 17.06$

$F_{cr} = 190{,}000(t_w/h_0)^2 fk = 190{,}000(7/346)^2(0.505)(17.06)$ 설계매뉴얼 식(2.3.9.3−3)

$= 670\text{MPa}, \leq F_y \qquad \therefore F_{cr} = F_y = 355\text{MPa}$ 사용

$R_n = \dfrac{F_{cr}}{e} s_{\text{net}} = 355(224)/110 = 723\text{kN}$

$\phi = 0.9$

$\phi R_n = 0.9(723)$

$= 651\text{kN} \quad > \quad R_u = 270\text{kN}$ 적합

(3) 보웨브의 전단항복 검토;

$R_n = 0.6F_y A_g = 0.6(355)(7)(346)/10^3 = 516\text{kN}$ 기준식(4.7−15)

$\phi = 1.0$

$\phi R_n = 1.0(516)$

$= 516\text{kN} \quad > \quad R_u = 270\text{kN}$ 적합

(4) 보웨브의 전단파단 검토; $A_{nv} = A_g$

$R_n = 0.6F_u A_{nv} = 0.6(490)(7)(346)/10^3 = 712\text{kN}$ 기준식(4.7-16)

$\phi = 0.75$

$\phi R_n = 0.75(712)$

$= 534\text{kN} \; > \; R_u = 270\text{kN}$ 적합

설계: 전단단부판; PL-7×160×230, $g = 90\text{mm}$, 볼트; F10T-N, 6-M20 표준구멍, 용접; $s = 8\text{mm}$ 양면 필릿용접, $F_w = 490\text{MPa}$

▌예제 3.1.10 ▌ 전단단부판 빗각접합(보-큰보웨브)

큰보 웨브에 빗각(경사; 2:10)으로 접합되는 단순보에 아래와 같은 단부반력이 작용하는 단순전단접합부를 단부판과 볼트로 설계한다.

$R_D = 60\text{kN}$, $R_L = 180\text{kN}$

단, 볼트는 F10T-N(나사부내), M20, 보에 표준구멍, 단부판에 수평 단슬롯구멍, 용접재는 $F_w = 490\text{MPa}$를 사용한다.

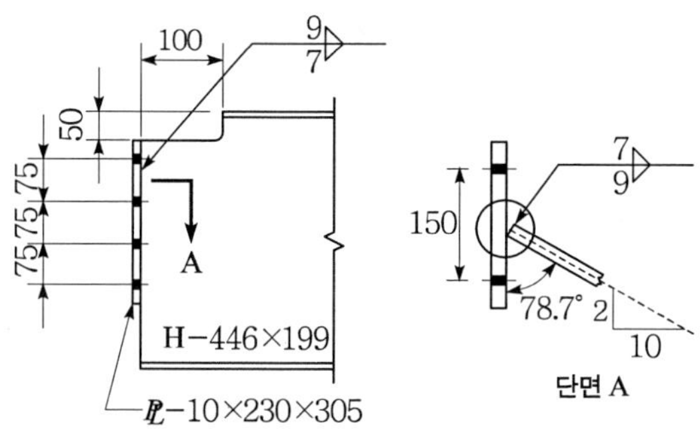

〈 전단단부판 빗각접합 〉

재질규격;

보; H-446×199×8×12, KS SHN355, $F_y = 355\text{MPa}$, $F_u = 490\text{MPa}$ (따냄; $d_c = 50\text{mm}$, $c = 100\text{mm}$, $h_0 = 396\text{mm}$)

큰 보; H-600×200×11×17, r=22, KS SHN355, $F_y = 355\text{MPa}$, $F_u = 490\text{MPa}$

단부판; KS SS275, $F_y = 275\text{MPa}$, $F_u = 410\text{MPa}$

▌풀이

1. 설계하중;

$$R_u = 1.2(60) + 1.6(180)$$
$$= 360\text{kN}$$

2. 볼트의 전단과 단부판 설계;

(1) 볼트전단, 단부판에 대한 볼트지압, 전단항복 및 전단파단검토;

M20 4열볼트, $t_p = 10\text{mm}$일 때, 도움표 3.1.4b에서

$$\phi R_n = 482\text{kN} \;>\; R_u = 360\text{kN} \quad \text{적합}$$

주 : 단부판 연단거리 $L_{ev} = 40\text{mm}$로 도움표 기준 35mm와 상이하나 안전측이어서 도움표를 그대로 적용하였다.

(2) 단부판의 블록전단파단 검토; $d_h = 22 \times 26$

$$L_{eh} = 40\text{mm}$$

$$L_{nt} = L_{eh} - d_h/2 = 40 - (26)/2 = 27\text{mm},\ \phi U_{bs} F_u A_{nt} = 0.75(1.0)(410)(27)(10)/(10^3) = 83\text{kN}$$

$$L_{gv} = (n_b - 1)S + L_{ev} = 3(75) + 40 = 265\text{mm},\ \phi 0.6 F_y A_{gv} = 0.75(0.6)(275)(265)(10)/(10^3) = 328\text{kN}$$

$$L_{nv} = L_{gv} - (n_b - 0.5)(d_h) = 265 - 3.5(22) = 188\text{mm},\ \phi 0.6 F_u A_{nv} = 0.75(0.6)(410)(188)(10)/(10^3) = 347\text{kN}$$

$$\phi R_n = 2[\phi U_{bs} F_u A_{nt} + \min(\phi 0.6 F_y A_{gv},\ \phi 0.6 F_u A_{nv})]$$
$$= 2(83 + 328) = 822\text{kN} \;>\; R_u = 360\text{kN} \quad \text{적합}$$

3. 빗각 용접부 검토; $h_p = 305\text{mm} = l_w$, $t_w = 8\text{mm}$, $\theta = 78.7°$

$$\phi_w r_n = \phi(0.6F_y)(0.7s) = 103.95s\text{N/mm}^2$$

$$_{req'd}s_{\min} = 0.25 l_w [1 - (1 - 4R/l_w^2 r_w)^{1/2}] = 6.96\text{mm}$$

$$s = 7\text{mm},\ \phi_w R_n = 362\text{kN}$$

보웨브를 직각으로 절단 시; 둔각쪽 벌어짐(gap);

$$gap = t_w \cos\theta = 8(\cos 78.7°) = 1.57\text{mm} < 5\text{mm}$$

3a. 용접사이즈 산정;

(1) AWS방법;

① 둔각쪽(obtuse side); $\theta_o = 180 - 78.7 = 101.3°$

$$s_o = 2s(\sin\frac{\theta_o}{2})/\sqrt{2} + gap$$

$$= 6.96\sqrt{2}\sin(101.3/2) + 1.57$$

$$= 9.18\text{mm} \rightarrow 10\text{mm}$$

② 예각쪽(acute side); $\theta_a = 78.7°$

$$s_o = \sqrt{2}s(\sin\frac{\theta_a}{2})$$

$$= 6.96\sqrt{2}\sin(78.7/2)$$

$$= 6.24\text{mm} \rightarrow 7\text{mm}$$

(2) AISC방법;

① 둔각쪽(obtuse side); $\theta_o = 180 - 78.7 = 101.3°$

$$s_o = s + gap = 6.96 + 1.57 = 8.53\text{mm} \rightarrow 9\text{mm}$$

② 예각쪽(acute side); $\theta_a = 78.7°$

$$s_o = s = 6.96\text{mm} \rightarrow 7\text{mm}$$

따라서, 빗각접합으로 용접뿌리부(root)에 벌어짐(gap)이 발생되는 둔각(101.3°)쪽에 $s = 9\text{mm}$, 예각(78.7°)쪽에 $s = 7\text{mm}$로 필릿용접한다(AISC방법 적용).

3b. 보웨브의 최소두께 검토;

$L_p = 305$(4열볼트), $s = 7\text{mm}$일 때, 도움표 3.1.4b에서

$\phi R_n = 613\text{kN}$

$t_{w,\ min} = 9.9\text{mm} \quad > \quad t_w = 8\text{mm}$

따라서 두께비에 따른 강도를 저감하면,

$\phi R_n = 613(8/9.9) = 495\text{kN} \quad > \quad R_u = 360\text{kN}$ 적합

4. 지지부재(큰보)에 대한 볼트지압 검토; $t_w = 11\text{mm}$

$L_p = 305$(4열볼트)일 때, 도움표 3.1.4b에서

$\phi R_n = 90t_w$

$= 90(11) = 990\text{kN} \quad > \quad R_u = 360\text{kN}$ 적합

5. 보의 따냄(coped)부분에 대한 검토;

따낸보에 대한 한계상태의 휨파단, 웨브항복, 국부좌굴 및 전단에 대하여 설계매뉴얼 제2장(2.3.9.3 따낸보를 참고하여 검토한다.)

(1) 따낸보에 대한 휨파단 검토; H-446×199, $d_c = 50\text{mm}$, $c = 100\text{mm}$

$e = c + t_p = 100 + 10 = 110$

$s_{\text{net}} = 327 \times 10^3\text{mm}^3$ 도움표 2.3.2

$R_n = \dfrac{F_u}{e} s_{\neq t} = 490(327 \times 10^3)/(110)(10^3) = 1{,}460\text{kN}$

$\phi = 0.75$

$\phi R_n = 0.75(1{,}460)$

$= 1{,}090\text{kN} \; > \; R_u = 360\text{kN}$ 적합

(2) 따낸 단면의 휨항복과 국부웨브좌굴 검토;

$c \leq 2d$ 및 $d_c \leq d/2$ 검토;

$c = 100 \leq 2(446) = 892$ 적합

$d_c = 50 \leq 446/2 = 223$ 적합

$c/d = 100/446 = 0.224 \leq 1.0$; $c/h_0 = 100/396 = 0.25 < 1.0$

$c/d \leq 1.0$이므로

$f = 2(c/d) = 2(0.224) = 0.448$

$c/h_0 \leq 1.0$이므로($h_0 = d - d_c = 396$)

$k = 2.2(h_0/c)^{1.65} = 2.2(1/0.25)^{1.65} = 21.3$

$F_{cr} = 190{,}000(t_w/h_0)^2 fk = 190{,}000(8/396)^2(0.448)(21.3)$ 설계매뉴얼 식(2.3.9.3-3)

$= 740\text{MPa}, \; \leq F_y$ $\quad \therefore F_{cr} = F_y = 355\text{MPa}$ 사용

$R_n = \dfrac{F_{cr}}{e} s_{\text{net}} = 355(327)/110 = 1{,}055\text{kN}$

$\phi = 0.9$

$\phi R_n = 0.9(1{,}055)$

$= 950\text{kN} \; > \; R_u = 360\text{kN}$ 적합

(3) 보웨브의 전단항복 검토;

$R_n = 0.6 F_y A_g = 0.6(355)(8)(396)/10^3 = 675\text{kN}$ 기준식(4.7-15)

$\phi = 1.0$

$\phi R_n = 1.0(675)$

$= 675\text{kN} \; > \; R_u = 360\text{kN}$ 적합

(4) 보웨브의 전단파단 검토; $A_{nv} = A_g$

$R_n = 0.6 F_u A_{nv} = 0.6(490)(8)(396)/10^3 = 931\text{kN}$ 기준식(4.7-16)

$\phi = 0.75$

$\phi R_n = 0.75(931)$

$= 699\text{kN} \; > \; R_u = 360\text{kN}$ 적합

설계 상세:

빗각(skewed) 전단단부판 접합 ; PL-10×230×305, 게이지; $g = 150\text{mm}$,

볼트; F10T-N(나사부내), 8-M20, 단부판에 수평단슬롯구멍, 큰보웨브에 표준구멍

용접; $s_o = 9\text{mm}$, $s_a = 7\text{mm}$ 양면 필릿용접, 용접재; $F_w = 490\text{MPa}$

▌예제 3.1.11▐ 비보강받침 볼트접합 (보-기둥웨브)

다음의 보반력을 지지하기 위한 그림과 같은 비보강받침접합을 볼트로 설계한다.

$R_D = 30\text{kN}$, $R_L = 105\text{kN}$

단, 볼트는 표준구멍의 F10T-N(나사부내), M20를 사용한다.

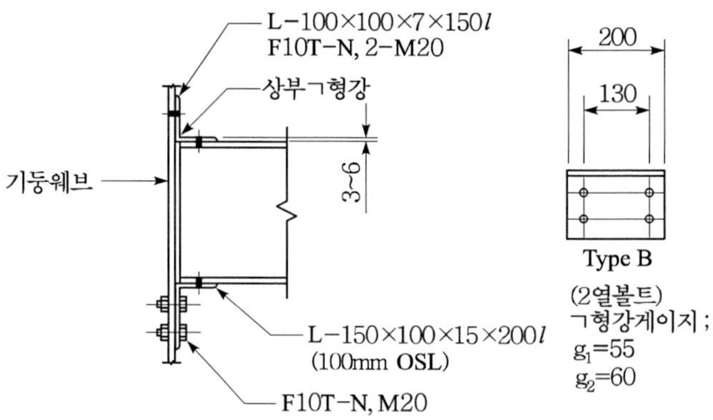

〈 비보강받침 볼트접합 〉

재질규격;

보; H−450×200×9×14($k=32$), KS SHN355, $F_y = 355\text{MPa}$, $F_u = 490\text{MPa}$

기둥; H−692×300×13×20, KS SHN355, $F_y = 355\text{MPa}$, $F_u = 490\text{MPa}$

ㄱ형강; L−150×100×15, KS SS275, $F_y = 275\text{MPa}$, $F_u = 410\text{MPa}$

▌풀이

1. 설계하중;

$$R_u = 1.2(30) + 1.6(105) = 204\text{kN}$$

2. 보웨브의 강도 검토;

(1) 국부웨브항복;

$$N_{\min} = \frac{R_u - \phi R_1}{\phi R_2} \geq k \qquad \text{도움표 2.3.4b}$$

$$= (204 - 256)/3.20$$

$$= -16.25 < k = 32$$

(2) 웨브크리플링;

$$[N/d]_{\max} = (100 - 20)/450$$

$$= 0.18 < 0.2$$

$N/d \leq 0.2$일 때; 도움표 2.3.4b

$$N_{min}=\frac{R_u-\phi R_3}{\phi R_4}\geq k$$ 설계매뉴얼 식(2.3.12.4-9)

$=(204-262)/0.899$

$=-64.52 \ < \ k=32$

따라서, $N_{min}=k=32$

3. ㄱ형강 내민다리의 전단항복과 휨항복 검토;

ㄱ형강 길이를 L=200으로 가정할 때 설계강도;

$N_{req\ d}(l_{b\ req\ d})=32\text{mm}$, $t=15\text{mm}$일 때, 도움표 3.1.5(상부표)에서

$\phi R_n=253\text{kN} \ > \ 204\text{kN}$ 적합

4. ㄱ형강 수직다리(LLV)의 설계강도 산정

(1) 볼트 산정; Type B F10T-N, 4-M20볼트일 때, 도움표 3.1.5(하부표)에서

$\phi R_n=565\text{kN} \ > \ 204\text{kN}$ 적합

(2) ㄱ형강의 볼트지압 검토; L-150, Type B(2열 볼트)

볼트 1개당 소요지압강도;

$r_u=R_u/4=204/4=51\text{kN}$

ㄱ형강게이지(기둥웨브피치); $g_1=55$, $g_2=60$,

$L_c=g_2-d_b=60-22=38<2d_b$

볼트 1개당 설계지압강도;

$\phi r_n=\phi 1.2L_c tF_u \leq 2.4dtF_u$ 기준식(4.7-6)

$=0.75(1.2)(38)(15)(410)/10^3$

$=210\text{kN} \ > \ r_u=51\text{kN}$ 적합

(3) 기둥웨브의 지압 검토;

$t_w=13$일 때, 도움표 2.1.4에서

직선보간하거나, 안전측으로 볼트간격 $S=2.5d_b$일 때,

$\phi r_n=12.3t_w$

$=12.3(13)=160\text{kN} \ > \ r_u=51\text{kN}$ 적합

∴ 받침용 하부ㄱ형강 L-150×100×15×200l+ F10T-N, 4-M20 볼트 표준구멍, 기둥게이지 130, ㄱ형강게이지; $g_1=55$, $g_2=60$, 연단거리=35(하부)

5. 상부ㄱ형강(안정용) 산정;

상부ㄱ형강 L-100×100×7×150l의 양쪽 다리에 각각 F10T-N, 2- M20 볼트로 기둥웨브와 보 상부플랜지에 밀착조임하여 설치한다.

▌예제 3.1.12▐ 비보강받침 용접접합 (보-기둥플랜지)

다음과 같은 단부반력을 받는 단순보와 기둥플랜지 사이 비보강받침접합을 용접으로 설계한다.

$R_D = 42\text{kN}$, $R_L = 126\text{kN}$

단, 용접재는 $F_{nw} = 490\text{MPa}$를 사용한다. 보와 상부ㄱ형강 및 보-받침ㄱ형강 사이는 표준구멍의 F10T-N(나사부 내), 2-M20 볼트를 사용하여 밀착조임(STJ)한다.

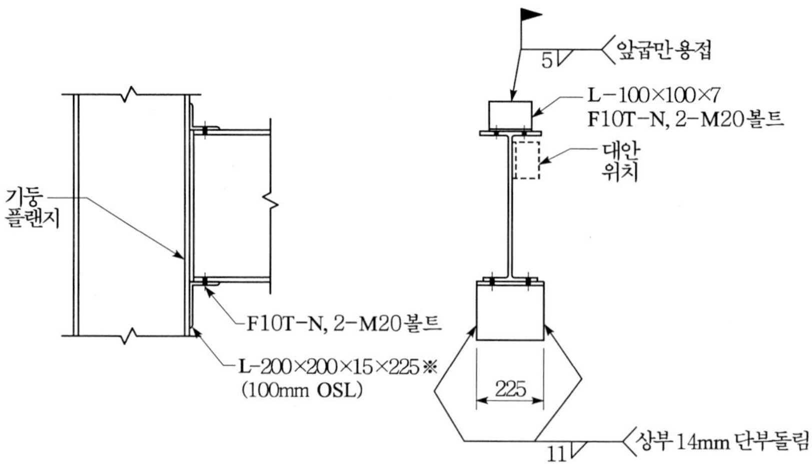

〈 비보강받침 용접접합 〉

주 : 보의 띄움(setback)은 12mm로 하고, 제작시 보길이의 감소를 고려하여 20mm로 계산한다.
※ KS규격에 L-200×100이 없으므로 L-200×200×15×225l을 사용한다.

재질규격;

보; H-496×199×9×14($k = 34$), KS SHN355, $F_y = 355\text{MPa}$, $F_u = 490\text{MPa}$

기둥; H-340×250×9×14, KS SHN355, $F_y = 355\text{MPa}$, $F_u = 490\text{MPa}$

ㄱ형강; L-200×100 가정, KS SS275, $F_y = 275\text{MPa}$, $F_u = 410\text{MPa}$

L-200×200×15×225; 설계, KS SS275, $F_y = 275\text{MPa}$, $F_u = 410\text{MPa}$

▌풀이

1. 설계하중;

$$R_u = 1.2(42) + 1.6(126)$$
$$= 252\text{kN}$$

2. 보웨브의 강도 검토; 국부항복과 크리플링 검토

(1) 국부웨브항복;

$$L_{min} = \frac{R_u - \phi R_1}{\phi R_2} \geq k \qquad \text{도움표 2.3.4b}$$
$$= (252 - 272)/3.20$$
$$= -6.25 < k = 34$$

(2) 웨브크리플링;

$(N/d)_{\max} = (100-20)/496 = 0.161 < 0.2$, 따라서 $N/d \le 0.2$일 때; 도움표 2.3.4b

$$L_{min} = \frac{R_u - \phi R_3}{\phi R_4} \ge k$$

$$= (252-262)/0.816$$

$$= -12.25 < k = 34$$

따라서, $N_{\min} = k = 34$

3. ㄱ형강 내민다리의 전단항복과 휨항복 검토;

ㄱ형강 길이를 L=200으로 가정할 때(최소 내민다리 길이 90mm) 설계강도;

$N_{req\ d}(l_{b\ req\ d}) = 34\text{mm}$, $t = 15\text{mm}$일 때, 도움표 3.1.6(상부표)에 따르면

$\phi R_n = 232\text{kN} < 252\text{kN}$ 부적합

${}_{req'd}L = 252/(232/200) = 217\text{mm}$, ㄱ형강 길이를 $L = 225\text{mm}$로 하면;

$\phi R_n = (232)(225/200)$

$= 261\text{kN} > 252\text{kN}$ 적합

4. ㄱ형강 수직다리(LLV)의 용접부 사이즈 검토;

L−200×100(100mm OSL)

필릿 용접치수 11mm로 가정하면, 도움표 3.1.6(하부표)에 따라

$\phi R_n = 257\text{kN} > 252\text{kN}$ 적합

∴ L−200×200×15×225l 적합

※ KS 규격에 L−200×100이 없으므로 L−200×200×15×225l을 사용할 수 있다.

다음과 같은 단순보와 기둥플랜지 사이 보강받침접합부를 용접으로 설계한다.

$R_D = 90\text{kN}$, $R_L = 270\text{kN}$

단, 용접재는 $F_w = 490\text{MPa}$를 사용하며, 표준구멍의 F10T-N(나사부내), M20 볼트를 사용한다.

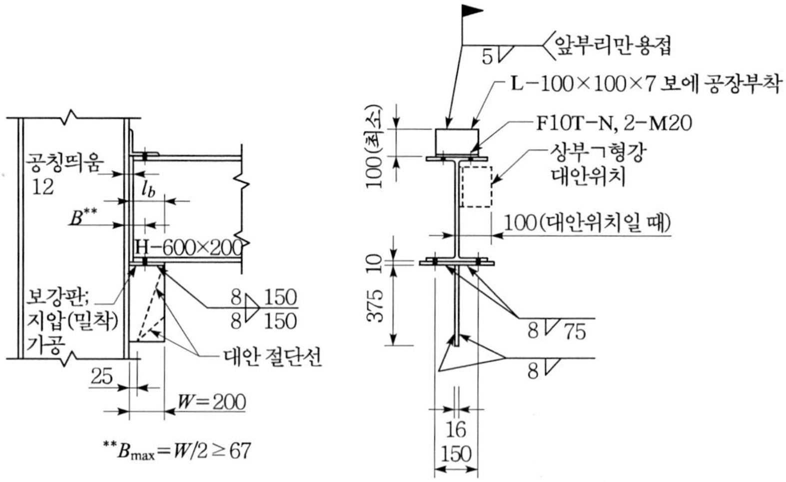

〈 보강받침 용접접합(보-기둥플랜지) 〉

주 : 보의 제작시 오차(길이 단축)를 감안하여 띄움은 $s_b = 20\text{mm}$로 계산한다.

재질규격;

보; H-600×200×11×17($r = 22$), KS SHN355, $F_y = 355\text{MPa}$, $F_u = 490\text{MPa}$

기둥; H-350×350×12×19, KS SHN355, $F_y = 355\text{MPa}$, $F_u = 490\text{MPa}$

ㄱ형강, 판; KS SS275, $F_y = 275\text{MPa}$, $F_u = 410\text{MPa}$

풀이

1. 설계하중;

$$R_u = 1.2(90) + 1.6(270) = 540\text{kN}$$

2. 보강판(스티프너)의 소요폭 W 산정

(1) $N/d > 0.2$일 때; 띄움 $s_b = 20\text{mm}$

① 보웨브 크리플링 검토; 도움표 2.3.4b에서

$$W_{min} = \frac{R_u - \phi R_5}{\phi R_6} + s_b$$

$$= \frac{540 - 349}{1.35} + 20$$

$$= 161$$

② 보웨브 국부항복 검토; 도움표 2.3.4b에서

$$W_{min} = \frac{R_u - \phi R_1}{\phi R_2} + 20$$

$$= \frac{540 - 381}{3.91} + 20$$

$$= 60.66 < 184$$

$\therefore W = 200$ 가정

$N/d = (200 - 20)/600 = 0.3 > 0.2$ 적합

3. 보강판(스티프너)길이 및 보강판-기둥 플랜지 사이 용접부 사이즈 산정;

받침의 폭 $W = 200$mm, 길이 L=375, 용접부 사이즈 $s = 8$mm일 때; 도움표 3.1.8에 따라

$\phi R_n = 567\text{kN} > R_u = 540\text{kN}$ 적합

$\therefore$ 보강판(스티프너)의 양쪽에 $s = 8$mm로 필릿용접한다.

4. 받침판에 대한 소요용접 산정;

받침판-기둥플랜지 사이는 보강판의 양쪽으로 $s = 8$mm, 최소 길이 $0.2(L) = 75$mm로 필릿용접한다. 받침판-보강판 사이 용접은 받침판-기둥플랜지 사이 용접과 동등 이상의 강도가 필요하며, 보강판의 양쪽에서 받침판 폭($W = 200$mm)중 길이 150mm (> 75mm)를 $s = 8$mm로 필릿용접한다.

5. 받침판의 치수 결정;

받침판의 폭을 250mm, F10T-N, 2-M20 볼트, 게이지 150으로 보플랜지(하부)와 받침판 사이를 접합한다. 따라서 받침판 PL-10×250×200L

6. 보강판(스티프너) 두께 산정;

보강판-받침판 사이 용접강도 발휘를 위한 최소 두께 산정

$t_{min} = 2s = 2(8) = 16$mm

보강판 $F_y = 275$MPa, 보 $F_y = 355$MPa일 때 보강판의 최소 두께 산정

$t_{min} = 355(t_w)/275 = 355(11)/275 = 14.2\text{mm} < 16\text{mm}$

$\therefore$ 보강판(스티프너) PL-16×200×375L 사용

7. 상부ㄱ형강, 용접 및 볼트 산정;

L-100×100×7mm를 F10T-N, 2-M20 볼트로 보와 접합하고, 기둥플랜지 사이는 $s = 5$mm로 현장 필릿용접한다.

▌예제 3.1.14 ▌ 보강받침 용접접합(보-기둥웨브)

다음과 같은 단순보와 기둥웨브 사이 보강받침접합부를 용접으로 설계한다.

$R_D = 90\text{kN}$, $R_L = 270\text{kN}$

단, 용접재는 $F_w = 490\text{MPa}$를 사용하며, 표준구멍의 F10T-N(나사부내), 2-M20 볼트를 사용한다.

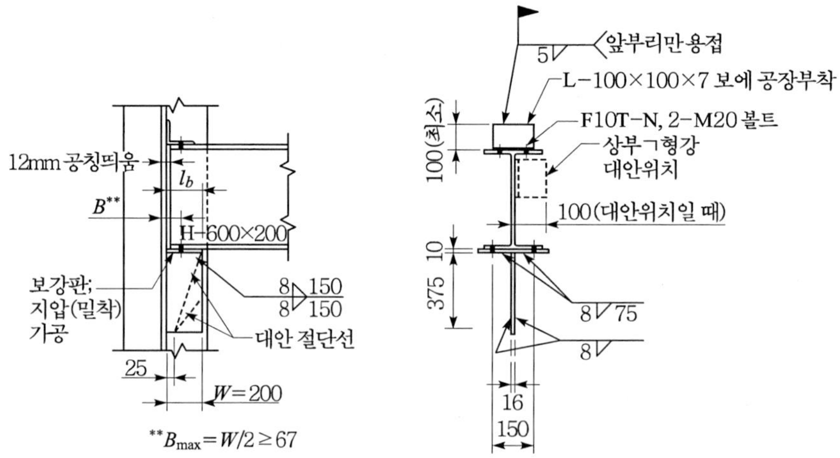

〈 보강받침 용접접합(보-기둥웨브) 〉

주 : 보의 제작시 오차(길이 단축)를 감안하여 뒷띄움은 $s_b = 20\text{mm}$로 계산한다.

재질규격;

보; H-600×200×11×17(r=22), KS SHN355, $F_y = 355\text{MPa}$, $F_u = 490\text{MPa}$

기둥; H-350×350×12×19, KS SHN355, $F_y = 355\text{MPa}$, $F_u = 490\text{MPa}$

ㄱ형강, 판; KS SS275, $F_y = 275\text{MPa}$, $F_u = 410\text{MPa}$

▌풀이

1. 설계하중;

$$R_u = 1.2(90) + 1.6(270) = 540\text{kN}$$

2. 보강판(스티프너)의 소요폭 W 산정;

(1) $N/d > 0.2$일 때; 띄움 $s_b = 20\text{mm}$

① 보웨브 크리플링 검토; 도움표 2.3.4b에서

$$W_{min} = \frac{R_u - \phi R_5}{\phi R_6} + s_b = \frac{540 - 349}{1.35} + 20 = 161$$

② 보웨브 국부항복 검토;

$$W_{\min} = \frac{R_u - \phi R_1}{\phi R_2} + 20$$

$$= \frac{540 - 381}{3.91} + 20$$

$$= 60.66 < 184$$

$\therefore W = 200$ 가정

$N/d = (200-20)/600 = 0.3 > 0.2$ 적합

3. 보강판(스티프너)길이 및 보강판–기둥 웨브 사이 용접부 사이즈 산정;

받침의 폭 $W = 200$mm, 길이 L=375, 용접부 사이즈 $s = 8$mm일 때, 도움표 3.1.8에 따라

$\phi R_n = 562\text{kN} > R_u$ 적합

∴보강판(스티프너)의 양쪽에 $s = 8$mm로 필릿용접한다.

4. 받침판에 대한 소요용접 산정;

받침판–기둥웨브 사이는 보강판의 양쪽으로 최소 길이 $0.2(L) = 75$mm로 필릿용접한다. 받침판–보강판 사이 용접은 받침판–기둥웨브 사이 용접과 동등 이상의 강도가 필요하며, 보강판의 양쪽에서 받침판 폭($W = 200$mm)중 길이 150mm (> 75mm)를 $s = 8$mm로 필릿용접한다.

5. 받침판의 치수 결정;

받침판의 폭을 250mm, F10T–N, 2–M20 볼트, 게이지 150으로 보플랜지(하부)와 받침판 사이를 접합한다. 따라서 받침판 PL–10×250×200L

6. 보강판(스티프너) 두께 산정;

보강판–받침판 사이 용접강도 발휘를 위한 최소 두께 산정

$t_{\min} = 2s = 2(8) = 16$mm

보강판 $F_y = 275$MPa, 보 $F_y = 355$MPa일 때 보강판의 최소 두께 산정

$t_{\min} = 355(t_w)/275 = 355(11)/275 = 14.2\text{mm} < 16\text{mm}$

∴보강판(스티프너) PL–16×200×375L 사용

7. 상부ㄱ형강, 용접 및 볼트 산정;

L–100×100×7mm를 F10T, 2–M20 볼트로 보와 접합하고, 기둥웨브 사이는 $s = 5$mm로 현장 필릿용접한다.

8. 기둥웨브의 강도 검토; 제2장 참조

(1) 조건Ⅰ; 기둥웨브의 한쪽면(1면)에만 보강받침접합될 때;

${}_{\min}t_w = 346.5s/F_u = 346.5(8)/490 = 5.66$mm 설계매뉴얼 식(2.3.7–1)

(2) 조건Ⅱ; 기둥웨브의 양쪽면(2면)에 보강받침접합될 때;

${}_{\min}t_w = 693s/F_u = 693(8)/490 = 11.3$mm 설계매뉴얼 식(2.3.7–1a)

기둥웨브 두께가 $t_w = 12$mm이므로 양쪽면이 접합될 때에도 충분하다.

주 ; 기타의 보강받침접합에 대한 상세들은 설계매뉴얼 그림 3.1.10에 표시되어 있다.

▌예제 3.1.15▐ 일반형 단일판접합 (보-기둥플랜지)

다음과 같은 단순보의 단부반력을 지지하기 위한 보-기둥플랜지 사이 단일판접합을 설계한다.

$R_D = 40\text{kN}$, $R_L = 120\text{kN}$

단, 표준구멍의 F10T-N(나사부내), M20볼트와 용접재는 $F_w = 490\text{MPa}$를 사용한다.

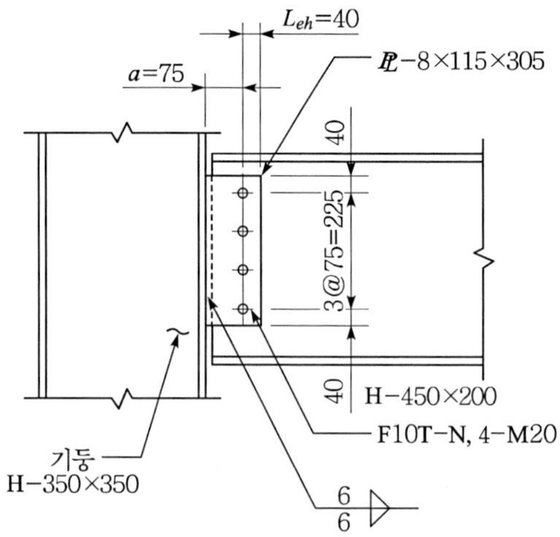

〈 단일판접합(보-기둥플랜지) 〉

재질규격;

보; KS SHN355, $F_y = 355\text{MPa}$, $F_u = 490\text{MPa}$, H-450×200×9×14(r=18)

기둥; KS SHN355, $F_y = 355\text{MPa}$, $F_u = 490\text{MPa}$, H-350×350×12×19

단일판; KS SS275, $F_y = 275\text{MPa}$, $F_u = 410\text{MPa}$

▌풀이

1. 설계하중;

$$R_u = 1.2(40) + 1.6(120)$$
$$= 240\text{kN}$$

2. 단일판과 보웨브의 두께 제한 검토;

설계매뉴얼 표 3.1.1 참조

$$t_{max} \le d_b/2 + 2 = 20/2 + 2 = 12\text{mm}$$

$t_p = 8\text{mm} \le 12\text{mm}$, $t_w = 9\text{mm} \le 12\text{mm}$ 적합

3. 단일판과 볼트 검토;

볼트전단, 단일판에 대한 볼트지압, 판의 전단항복, 전단파단 및 블록전단파단에 대하여 검토한다.

$t_p = 8\text{mm}$, F10T-N, 4-M20으로부터;

(1) 볼트의 전단강도 검토

$R_n = F_{nv} A_b$ 기준식 (4.7-3)

$= (400)(314)(4)(10^{-3}) = 502\text{kN}$

$A_b = 314\text{mm}^2$(M20), 기준 표4.7-8에 따라 $F_{nv} = 400\text{N/mm}^2$(볼트의 전단면이 나사부 내에 있는 경우)

$\phi = 0.75$

$\phi R_n = 0.75(502) = 376\text{kN} > R_u = 240\text{kN}$ 적합

(2) 단일판 볼트구멍(표준구멍)의 지압강도 검토

$\phi R_n = 1.2 L_c t F_u \ \le \ 2.4 d t F_u$ 기준식 (4.7-6)

L_c: 하중방향 순간격, 구멍의 끝과 피접합재의 끝 또는 인접구멍의 끝까지의 거리, mm

① 연단 볼트열(연단거리에 따른 설계지압강도)

$L_c = 40 - 22/2 = 29\text{mm}$

$R_{n1} = 1.2 L_c t F_u = (1.2)(29)(8)(410)(10^{-3}) = 114\text{kN}$ $(\le 2.4 d t F_u = (2.4)(20)(8)(410)(10^{-3}) = 157\text{kN})$

$\therefore R_{n1} = 114\text{kN}$

② 내부 볼트열(볼트간격에 따른 지압강도)

$L_c = 75 - 22 = 53\text{mm}$

$R_{n2} = 1.2 L_c t F_u = (1.2)(53)(8)(410)(10^{-3}) = 209\text{kN}$ $(\le 2.4 d t F_u = (2.4)(20)(8)(410)(10^{-3}) = 157\text{kN})$

$\therefore R_{n2} = 157\text{kN}$

③ 전체 볼트열의 지압강도

$R_n = 1 \times R_{n1} + 3 \times R_{n2} = 585\text{kN}$, $\phi = 0.75$

$\therefore \phi R_n = 0.75 \times 585 = 439\text{kN} > R_u = 240\text{kN}$ 적합

(3) 단일판의 전단항복강도 검토

$\phi R_n = \phi 0.6 F_y A_g$, $\phi = 1.0$ 기준식(4.7-15)

$= 1.0(0.6)(275)(305)(8)(10^{-3}) = 403\text{kN} > R_u = 240\text{kN}$ 적합

(4) 단일판의 전단파단강도 검토

$\phi R_n = \phi 0.6 F_u A_{nv}$, $\phi = 0.75$ 기준식(4.7-16)

$= 0.75(0.6)(410)[305 - 4(22)](8)(10^{-3}) = 320\text{kN} > 240\text{kN}$ 적합

(5) 단일판의 블럭전단파단강도 검토

$R_n = 0.6 F_u A_{nv} + U_{bs} F_u A_{nt} \le 0.6 F_y A_{gv} + U_{bs} F_u A_{nt}$, $\phi = 0.75$ 기준식(4.7-17)

전단저항 총단면적 A_{gv}: $[40 + (4-1) \times 75] \times 8 = 2{,}120\text{mm}^2$

전단저항 순단면적 A_{nv}: $2{,}120 - 3.5 \times 22 \times 8 = 1{,}504\text{mm}^2$

인장저항 순단면적 A_{nt}: $(40 - 22/2) \times 8 = 232\text{mm}^2$

응력집중계수 $U_{bs} = 1.0$ (인장응력이 일정)

$\phi R_n = \phi[0.6 F_u A_{nv} + U_{bs} F_u A_{nt}] = 0.75(0.6 \times 410 \times 1{,}504 + 1.0 \times 410 \times 232) \times 10^{-3} = 349\text{kN}$

$\phi[0.6 F_y A_{gv} + U_{bs} F_u A_{nt}] = 0.75(0.6 \times 275 \times 2{,}120 + 1.0 \times 410 \times 232) \times 10^{-3} = 334\text{kN}$

$\phi R_n = 349\text{kN}$ $(\le \phi[0.6F_yA_{gv} + U_{bs}F_uA_{nt}] = 334\text{kN})$

$\therefore \phi R_n = 334\text{kN} > R_u = 240\text{kN}$ 적합

(6) 볼트전단, 단일판에 대한 볼트지압, 판의 전단항복, 전단파단 및 블록전단파단에 대한 검토는 도움표 3.1.9a로부터 구할 수 있다.

$t_p = 8\text{mm}$, F10T-N, 4-M20으로부터;

$\phi R_n = 303\text{kN} > R_u = 240\text{kN}$ 적합

주 : 단부판 연단거리는 $L_{ev} = 40\text{mm}$로 도움표 기준 35mm와 상이하나 안전측이어서 도움표를 그대로 적용하였으며, 연단거리의 차이로 인해 결과값의 차이가 발생하였다.

4. 용접부 검토;

최소 용접부 사이즈 검토; $s_{\min} = (5/8)t_p = (5/8)8 = 5\text{mm} \rightarrow 6\text{mm}$ 적합

5. 보웨브 검토; (볼트지압)

따내지 않은 보로 보웨브에 대한 블록전단파단과 전단항복 및 전단파단은 지배되지 않으므로 볼트지압에 대하여만 검토한다.

(1) 보웨브 볼트구멍(표준구멍)의 지압강도 검토 $(t_w = 9\text{mm})$

$\phi R_n = 1.2L_ctF_u \le 2.4dtF_u$ 기준식 (4.7-6)

① 연단 볼트열(연단거리에 따른 설계지압강도)

$L_c = 58.5 - 22/2 = 47.5\text{mm}$

$R_{n1} = 1.2L_ctF_u = (1.2)(47.5)(9)(490)(10^{-3}) = 251\text{kN}$ $(\le 2.4dtF_u = (2.4)(20)(9)(490)(10^{-3}) = 212\text{kN})$

$\therefore R_{n1} = 212\text{kN}$

② 내부 볼트열(볼트간격에 따른 지압강도)

$L_c = 75 - 22 = 53\text{mm}$

$R_{n2} = 1.2L_ctF_u = (1.2)(53)(9)(490)(10^{-3}) = 280\text{kN}$ $(\le 2.4dtF_u = (2.4)(20)(9)(490)(10^{-3}) = 212\text{kN})$

$\therefore R_{n2} = 212\text{kN}$

③ 전체 볼트열의 지압강도

$R_n = 1 \times R_{n1} + 3 \times R_{n2} = 848\text{kN}$, $\phi = 0.75$

$\therefore \phi R_n = 0.75 \times 848 = 636\text{kN} > R_u = 240\text{kN}$ 적합

(2) 보웨브 볼트구멍의 지압강도 검토는 도움표 3.1.1b에 따라 구할 수 있다.

$t_w = 9\text{mm}$

$\phi R_n = 70.6(9) = 635\text{kN} > R_u = 240\text{kN}$ 적합

주 : 보설치 시 안정을 위한 판의 최소 길이(춤)는 보T치수의 1/2이상이 권장된다.

$T/2 = [450 - 2(14 + 18)]/2 = 193\text{mm} < 305\text{mm}$ 적합

▌예제 3.1.16▐ 단일판접합 (작은보-큰보웨브)

다음과 같은 단순보(H−500×200×10×16)의 단부 반력을 큰보(H−600×200×11×17)웨브에서 지지하기 위한 단일판접합을 설계한다. 보의 상부플랜지는 춤 50mm, 길이 100mm로 따내기하고, 단일판은 $L_{ev}=40$mm, $L_{eh}=45$mm로 한다.

$P_D=40$kN , $P_L=120$kN

단, 표준구멍의 F10T−N(나사부내), M22볼트와 용접재는 $F_w=490$MPa를 사용한다.

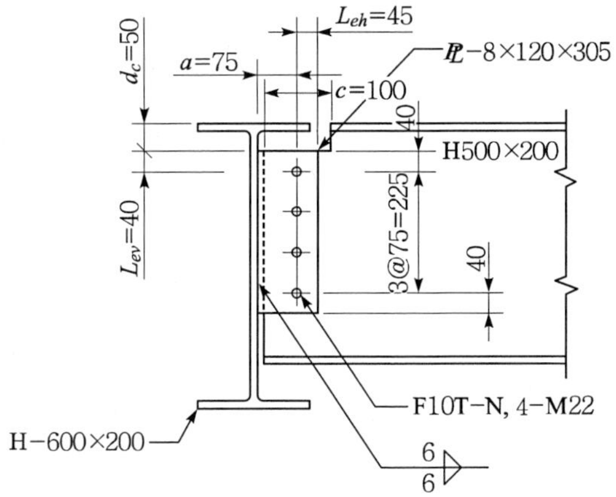

〈 단일판접합 (작은보-큰보웨브) 〉

재질규격;

보; KS SHN355, $F_y=355$MPa, $F_u=490$MPa, H−500×200×10×16(r=20)(따냄; $d_c=50$mm, $c=100$mm, $S_{net}=520\times10^3$mm^3; 도움표 2.3.2

큰보; KS SHN355, $F_y=355$MPa, $F_u=490$MPa, H−600×200×11×17(r=22)

단일판; KS SS275, $F_y=275$MPa, $F_u=410$MPa

▌풀이

1. 설계하중;

$$R_u=1.2(40)+1.6(120)$$
$$=240\text{kN}$$

2. 단일판과 볼트에 대한 검토

볼트전단, 판에 대한 볼트지압, 판의 전단항복, 전단파단 및 블록전단파단에 대한 검토 $t_p=8$mm의 단일판과 볼트 4개 그리고 용접부 사이즈 6mm일 때, 도움표 3.1.9a에 의하면

$\phi R_n=291\text{kN}>R_u=240$ 적합

3. 최소 용접부 사이즈 검토;

$s=(5/8)t_p=(5/8)8=5\text{mm}\rightarrow 6\text{mm}$ 적합

4. 보웨브에 대한 검토

상부플랜지 따낸 보웨브에 대한 볼트지압과 블록전단파단 검토

도움표 3.1.1b에서

$n_b = 4$, $L_{eh} = 45\text{mm}$, $L_{ev} = 40\text{mm}$ 보웨브에 대한 볼트지압과 블록전단파단 검토는 $t_w = 10\text{mm} > t_p = 8\text{mm}$ 이고 $F_{u,\ beam} = 490\text{MPa} > F_{u,\ plate} = 410\text{MPa}$이므로 불필요.

또는 도움표 3.1.1b로부터 $\phi R_n = 50.2t_w = 50.2(10) = 502\text{kN} > R_u = 240\text{kN}$ 적합

5. 큰보웨브의 양면용접에 의한 전단파단 검토; 설계매뉴얼 제2장 식(2.3.7-1) 참조

$$t_{w,\ min} = 693w/F_u = 693(6)/490 = 8.49\text{mm} < t_w = 11\text{mm} \quad \text{적합}$$

주 : 따낸보에 대한 한계상태의 휨파단, 국부좌굴은 제2장에 따라 독립적으로 검토한다. 그러나 이 예제와 같이 보춤(500mm)에 비하여 따낸춤이 낮은($d_c = 50\text{mm}$) 경우 국부항복과 국부좌굴은 지배되지 않는다. 따낸보에 대하여는 예제 3.1.4를 참조하여 검토해 본다.

▌예제 3.1.17▐ 확장형 단일판접합(보-기둥웨브)

아래와 같은 단부반력을 지지하기 위한 단순보(H-396×199×7×11)와 기둥(H-350×350×12×19) 사이 확장형 단일판 접합부를 설계한다.

$R_D = 28\text{kN}$, $R_L = 84\text{kN}$

단, 볼트는 F10T-N(나사부내), M20, 표준구멍, 용접재는 $F_w = 490\text{MPa}$를 사용한다. 보는 바닥슬래브에 의해 횡지지되어 있으며, 보의 경간은 6.0m이다.

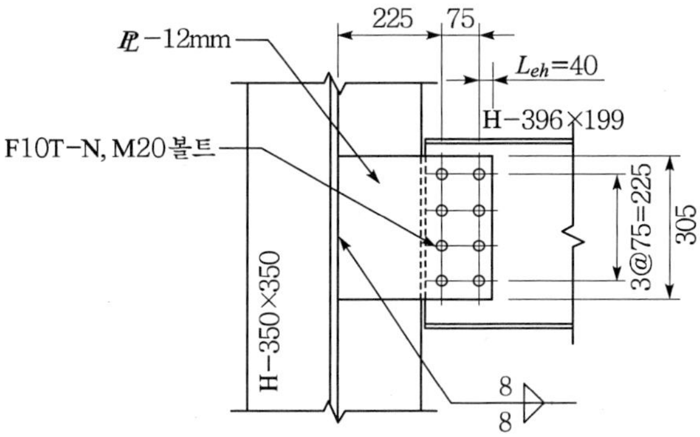

〈 확장형 단일판접합 〉

재질규격;

보; H-396×199×7×11, r=18 KS SHN355, $F_y = 355\text{MPa}$, $F_u = 490\text{MPa}$

기둥; H-350×350×12×19 KS SHN355, $F_y = 355\text{MPa}$, $F_u = 490\text{MPa}$

단일판; KS SS275, $F_y = 275\text{MPa}$, $F_u = 410\text{MPa}$

▌풀이

1. 설계하중과 편심거리 e 산정;

(1) 설계하중;

$R_u = 1.2(28) + 1.6(84)$

$= 168\text{kN}$

(2) 단일판의 지지부(용접선)로부터 첫 번째 볼트열까지 거리 a 및 편심거리 e;

편심거리 e는 볼트군의 중심까지의 거리로 계산한다.

$a = 225\text{mm}$, $e = 225 + 75/2 = 262.5\text{mm}$

2. 볼트의 전단강도와 판의 지압강도에 의한 볼트군의 강도 산정;

(1) 전단강도:

$\phi_v r_n = \phi F_{nv} A_b$

$= 0.75(400)(314)/10^3$

$= 94.2\text{kN}/\text{개}$

또는 도움표 2.1.1로부터 직접구하면,

$\phi r_n = 94.2\text{kN}/\text{개}$

(2) 지압강도;

$t_p = 12\text{mm},\ F_u = 410\text{MPa}$

① 단일판의 연단볼트 지압강도; 도움표 2.1.5로부터 $L_{ev} = 40\text{mm}$일 때

직선보간하면, $\phi r_n = [(7.01+14.4)/2]t_p = 10.71t_p = 10.71(12) = 129\text{kN}$/개

② 보웨브 및 중간볼트의 지압강도; $t_p = 12\text{mm}(F_u = 410\text{MPa}),\ t_w = 7\text{mm}(F_u = 490\text{MPa})$

보웨브 및 단일판의 중간볼트 지압강도; 도움표 2.1.4로부터 $S = 75\text{mm}$일 때

－보웨브; $\phi r_n = 17.6t_w = 17.6(7) = 123\text{kN}$/개

－단일판; $\phi r_n = 14.8t_p = 14.8(12) = 178\text{kN}$/개

따라서, 볼트의 전단강도에 의해 지배

$\phi_v r_n = 94.2\text{kN}$/개

(3) 볼트군의 강도 산정; $e = 262.5\text{mm},\ S = 75\text{mm}$, 수직열당 볼트 수 $n_b = 4,\ \theta = 0^\circ$ 도움표 2.1.7(1)에서 직선보간하면

$e = 250\text{mm}$일 때 $C = 2.42$

$e = 300\text{mm}$일 때 $C = 2.06$

$C = 2.42 - (2.42 - 2.06) \times (262.5 - 250)/(300 - 250) = 2.33$

$$\begin{aligned}\phi R_n &= C\phi r_n \\ &= 2.33(94.2) \\ &= 220\text{kN} > R_u = 168\text{kN} \quad \text{적합}\end{aligned}$$

3. 단일판의 최대 두께 산정; 설계매뉴얼 (3.1.9.3참조)

(볼트가 전단파단하기 전에 판이 항복하기 위한 최대 판두께 산정)

$$M_{\max} = \frac{F_v}{0.9}(A_b C')$$

$F_v = F_{nv} = 320\text{MPa}$ (기준표 4.7-8)

$A_b = d_b^2\pi/4 = 20^2\pi/4 = 314\text{mm}^2$

도움표 2.1.7(1)에서 $C' = 650\text{mm}$

$$\therefore M_{\max} = \frac{320}{0.9}(314)(650)/10^6 = 72.57\text{kN}\cdot\text{m}$$

$t_{\max} = \dfrac{6M_{\max}}{F_y d^2} = \dfrac{6(72.57)(10^3)}{275(305^2)} \times 10^3 = 17.0\text{mm} > t_p = 12\text{mm}$ 적합, 설계매뉴얼 식(3.1.9.3-1)

4. 단일판의 한계상태, 전단항복, 전단좌굴 및 휨항복 검토;

(1) 판의 전단항복 검토;

$$\begin{aligned}\phi R_n &= \phi(0.6F_y A_g),\ \phi = 1.0 \\ &= 1.0(0.6)(275)(305)(12)/10^3 \\ &= 604 > 168\text{kN} \quad \text{적합}\end{aligned}$$

(2) 소요 휨모멘트;

$M_u = R_u e$ 식(2.3.9.3-1)

$$\begin{aligned}&= 168(262.5)/10^3 \\ &= 44.1\text{kN.m}\end{aligned}$$

(3) 판의 휨항복강도;

판의 소성단면계수; $Z_{pl} = t_p L^2/4 = 12(305)^2/4 = 279\times 10^3 \text{mm}^3$

$\phi_b = 0.9$

$\phi_b M_n = \phi_b F_y Z_{pl}$

$= 0.9(275)(279)/10^3$

$= 69.1\text{kN.m} > \text{M}_\text{u} = 44.1\text{kN.m}$ ∴적합

(4) 판의 한계상태에 대한 전단항복, 전단좌굴 및 휨항복 검토;

$$\left(\frac{V_r}{V_c}\right)^2 + \left(\frac{M_r}{M_c}\right)^2 \le 1.0$$

위 식에서,

$V_r = V_u = 168\text{kN}$

$V_c = \phi_v V_n = 604\text{kN}$

$M_r = M_u = 44.1\text{kN.m}$

$M_c = \phi_b M_n = 69.1\text{kN.m}$

$\left(\frac{168}{604}\right)^2 + \left(\frac{44.1}{69.1}\right)^2 = 0.49 < 1.0$ 적합

5. 단일판의 전단파단 검토; $d_h^+ = 24$

$A_n = t_p[d - n_b(d_h^+)] = 12[305 - 4(24)] = 2{,}508\text{mm}^2$

$\phi = 0.75$

$\phi R_n = \phi 0.6 F_u A_n$

$= 0.75(0.6)(410)(2{,}508)/10^3$

$= 462\text{kN} > 168\text{kN}$ 적합

6. 단일판의 휨파단 검토;

순소성단면계수 z_{net}산정;

짝수볼트일 때; $Z_{net} = (d^2/4)t_p[1 - Sd_h^+(n_b/d)^2]$, $d_h^+ = 22 + 2 = 24$

또는 도움표 3.6.5.2에서 M20 $n_b = 4$, $t_p = 12$에서 $z_{\text{net}} = 193\times 10^3$을 읽는다.

$\phi = 0.75$

$\phi M_n = \phi F_u z_{\text{net}}$

$= 0.75(410)(193{,}000)/10^6$

$= 59.3\text{kN.m} > M_u = 44.1\text{kN.m}$ 적합

7. 단일판의 블록전단파단 검토; $n_b = 4$개, $L_{ev} = L_{eh} = 40\text{mm}$

$\phi R_n = \phi U_{bs} F_u A_{nt} + \text{min.}[\phi 0.6 F_y A_{gv},\ \phi 0.6 F_u A_{nv}]$ 기준식(4.7-17)

(1) 인장파단 요소;

$U_{bs} = 0.5$(수직볼트열; 2), $L_{eh} = 40 + 75 = 115\text{mm}$, $L_{nt} = 75\text{mm}$, M20

$A_{nt} = 12[115 - 1.5(22)] = 984\text{mm}^2$

$\phi U_{bs}F_uA_{nt}=0.75(0.5)(410)(984)/10^3=151\text{kN}$

(2) 전단항복 요소; $n_b=4$개, $L_{ev}=40\text{mm}$, $F_y=275\text{MPa}$ (도움표 2.3.3b)

$\phi 0.6F_yA_{gv}=32.8t_p=32.8(12)=394\text{kN}$

(3) 전단파단 요소; $n_b=4$개, M20, $L_{ev}=40\text{mm}$, $F_u=410\text{MPa}$ (도움표 2.3.3c′)

$\phi 0.6F_uA_{nv}=34.7t_p=34.7(12)=416\text{kN}$

∴전단항복 지배;

$\phi R_n=146+394$

$=540\text{kN}>R_u$ 적합

8. 단일판의 국부좌굴 검토;

※ 이 검토는 설계매뉴얼 제2장 2.3.9.3(2)에서 소개한 상하 양쪽 플랜지를 모두 따낸보의 국부좌굴 검토와 유사하다.

$c=a=225$, $h_0=305\text{mm}$, $F_{cr}=F_yQ$

$$\lambda=\frac{h_0\sqrt{F_y}}{26.3t_w\sqrt{475+280\left(\frac{h_0}{c}\right)^2}}=\frac{305\sqrt{275}}{26.3(12)\sqrt{475+280\left(\frac{305}{225}\right)^2}}=0.51$$ 설계매뉴얼 식(2.3.9.3-6)

$\lambda<0.7$이므로, $Q=1.0$, $F_{cr}=F_y$

따라서, 판은 좌굴에 의해 지배되지 않는다. 적합

9. 단일판의 횡변위와 비틀림[안정판(stabilizer plates) 검토;

*확장형 단일판의 안정판과 비틀림에 대하여 Thornton & Fortney (2011)의 식으로 검토한다.

(1) 횡변위 저항 설계강도 검토;

$$R_n=32.5\frac{Lt_p^3}{a^2}=32.5\frac{305(12)^3}{225^2}=338\text{kN}$$ 설계매뉴얼 식(3.1.9.4-1)

$\phi R_n=0.9(338)=305\text{kN}>V_u$ 적합

(2) 단일판의 비틀림강도 검토; 안정판 필요여부 검토

① 판의 강도비;

$$\left[\frac{\phi_v(0.6F_{yp})Lt_p}{R_u}-1\right]\frac{t_p}{(t_w+t_p)}$$ 설계매뉴얼 식(3.1.9.4-3)의 첫 번째 항

$$=\left[\frac{1.0(0.6)(275)(305)(12)}{168\times10^3}-1\right]\frac{12}{(7+12)}$$

$$=(3.59-1)\frac{12}{19}$$

$=1.64>1.0$ 적합

※ 단일판 자체만으로(보플랜지가 슬래브와 접촉없이) 비틀림에 대하여 안전하다.

② 접합부인근 보의 횡적 휨강도비; (보플랜지가 슬래브와 접촉될 때)

$$\frac{4R_ub_f}{\phi_bF_{yb}L_st_w^2}=\frac{4(168\times10^3)(199)}{0.9(355)(6{,}000)(7^2)}$$ 설계매뉴얼 식(3.1.9.4-3)의 두 번째 항

$=1.42>1$ 적합

$\therefore\ 1.64+1.42=3.06\ \geq 1$ 적합

따라서, 확장형 단일판은 안정판없이 비틀림에 대하여 안전하다.

10. 단일판과 지지부재 사이 용접 검토;

$s=(5/8)t_p=(5/8)12=7.5\text{mm}\ \rightarrow\ 8\text{mm}$

11. 기둥웨브의 용접부 검토;

$t_{w,\ min}=693w/F_u=693(8)/490=11.3\text{mm}\ <\ t_w=12\text{mm}$ 적합 설계매뉴얼 식(2.3.7-2)

단일판은 안정판 없이 안전한 것으로 검토되었으나, 지지기둥 웨브는 별도의 안전성 검토를 통해 스티프너의 설치를 고려해야한다.

설계상세(Details):

확장형 단일판; PL-12×340×305h, 볼트; 수직2열×4= F10T-N, 8-M20, 표준구멍, 용접부; $s=8\text{mm}$ 양면 필릿용접, 용접재; $F_w=490\text{MPa}$사용.

▌예제 3.1.18▌ 단일ㄱ형강 볼트접합 (작은보-큰보웨브)

다음과 같은 반력을 받는 단순보(H−446×199×8×12, r=10)와 큰보(H−500×200×10×16, r=20) 웨브사이 단순전단접합부를 단일ㄱ형강과 볼트를 사용하여 설계한다.

$R_D = 30\text{kN}$, $R_L = 90\text{kN}$

단, 볼트는 F10T−N(나사부내), M20을 사용하고 표준구멍으로 설계한다.

ㄱ형강; L−100×75×10($r_1 = 10$, $r_2 = 7$)으로 가정한다.

보의 따냄은 $c = 100$, $d_c = 50\text{mm}$, $L_{ev} = 40\text{mm}$, $L_{eh} = 40\text{mm}$

(제작과정 중에 보길이의 단축절단(underrun)을 고려하여 계산은 $L_{eh} = 35\text{mm}$로 한다.)

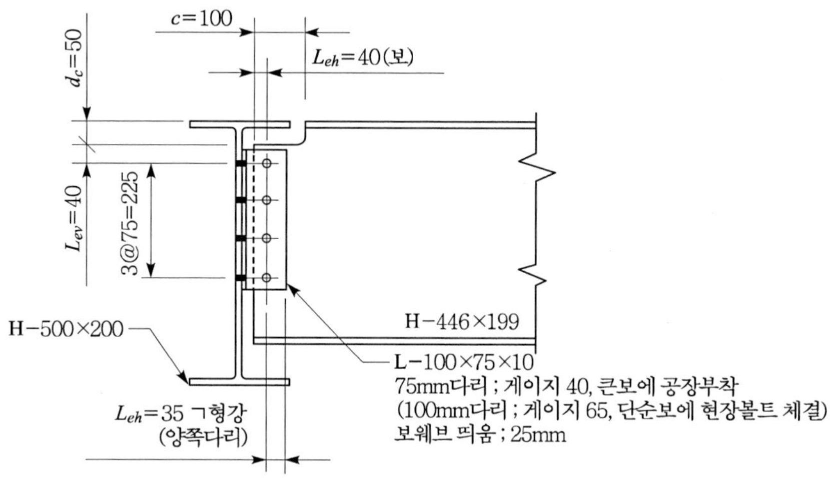

〈 단일ㄱ형강 볼트접합 (작은보-큰보웨브) 〉

재질규격;

보, 큰보; KS SHN355, $F_y = 355\text{MPa}$, $F_u = 490\text{MPa}$

ㄱ형강; KS SS275, $F_y = 275\text{MPa}$, $F_u = 410\text{MPa}$

▌풀이

1. 설계 하중;

$$R_u = 1.2(30) + 1.6(90)$$
$$= 180\text{kN}$$

2. 볼트와 ㄱ-형강의 설계;

(1) 접합요소의 편심검토 ;

1) 보웨브에 접합되는 ㄱ형강 100mm쪽 다리의 편심을 검토하면 ;

e = 100 − 35 = 65mm 〈 75mm이므로 편심을 별도로 고려할 필요가 없다.

2) 지지부재에 접합되는 ㄱ형강 75mm쪽 다리의 편심을 검토하면 ;

e = 게이지 + $t_w/2$ = 40 + (8/2) = 44mm 〈 65mm이므로 볼트전단에 대하여 도움표 2.1.6(1)의 값을 안전측으로 사용할 수 있다.

도움표 2.1.1로부터 볼트의 전단강도, $\phi r_{nl} = 94.2\text{kN}$

단일ㄱ형강의 연단볼트 지압강도; 도움표 2.1.5로부터 $L_{ev} = 40\text{mm}$일 때

직선보간하면, $\phi r_{n2} = [(7.01 + 14.4)/2]t_p = 10.71t_p = 10.71(10) = 107.1\text{kN}$

볼트전단이 볼트지압보다 강도가 낮은 경우이므로, $\phi r_n = 94.2\text{kN}$

$$C_{min} = R_u/\phi r_n = 180/94.2 = 1.91$$

$$n_b = 4,\ S = 75\text{mm},\ e = \text{게이지} + t_w/2 = 40 + 8/2 = 44\text{mm}$$

도움표 2.1.6(1)로부터 $C = 3.32 > C_{min} = 1.91$ 적합

따라서 F10T-N, 4-M20 볼트로 ㄱ형강의 다리길이 75mm를 큰보웨브에 공장부착하고, 다리길이 100mm쪽은 보웨브에 현장부착한다.

3. ㄱ형강의 전단항복 검토;

$$L_a = (n_b - 1)S + 2L_{ev} = 3(75) + 2(40) = 305$$

$$\phi = 1.0$$

$$\phi R_n = \phi 0.6F_y A_g$$

$$= 1.0(0.6)(275)(305)(10)/10^3$$

$$= 503\text{kN} > 180\text{kN} \quad \text{적합}$$

4. ㄱ형강의 전단파단 검토;

$$\phi = 0.75$$

$$\phi R_n = \phi 0.6F_u A_{nv}$$

$$= 0.75(0.6)(410)[305 - 4(24)](10)/10^3$$

$$= 386\text{kN} > 180\text{kN} \quad \text{적합}$$

5. ㄱ형강의 블록전단파단 검토; 1열볼트:

$$U_{bs} = 1.0,\ n_b = 4,\ L_{eh} = 35,\ L_{ev} = 40,\ S = 75,\ t_a = 10$$

$$\phi U_{bs}F_u A_{nt} + \min.[\phi 0.6F_y A_{gv},\ \phi 0.6F_u A_{nv}]$$ 기준식(4.7-17)

(1) 인장파단 요소; 도움표 2.3.3a에서

$$\phi U_{bs}F_u A_{nt} = 7.38(10)\text{kN}$$

(2) 전단항복 요소; 도움표 2.3.3b에서

$$\phi 0.6F_y A_{gv} = 32.2(10)\text{kN}$$

(3) 전단파단 요소; 도움표 2.3.3c에서

$$\phi 0.6F_u A_{nv} = 33.8(10)\text{kN}$$

따라서 $\phi R_n = (7.38 + 32.2)(10) = 396\text{kN} > R_u = 180\text{kN}$ 적합

6. ㄱ형강의 지지부(큰보쪽다리, L-75) 휨 검토;

(1) 소요강도 검토;

$$M_u = R_u e = R_u(\text{게이지} + t_w/2)$$

$$= 180(40 + 8.0/2)/10^3$$

$$= 7.92\text{kN} \cdot \text{m}$$

(2) 휨항복 검토;

$\phi = 0.9$

$\phi M_n = \phi F_y Z_x$

$= 0.9(275)\left[\dfrac{(10)(305^2)}{4}\right]/10^6$

$= 57.6\text{kN.m} > 7.92\text{kN.m}$ 적합

(3) 휨파단 검토;

M20, $n_b = 4$, $t_p = 10$에서

$Z_{\text{net}} = t_p[\dfrac{L^2}{4} - 2d_h \Sigma l] = 10[\dfrac{295^2}{4} - 2(22)(112.5 + 37.5) = 152 \times 10^3\text{mm}^3$

$\phi = 0.75$

$\phi M_n = \phi F_u Z_{net}$

$= 0.75(410)(152)/10^3$

$= 46.7 > 7.92$ 적합

7. 보웨브에 대한 볼트지압 및 블록전단파단 검토; 보웨브 띄움(setback); 25mm

$n_b = 4$, $L_{ev} = 40$, $L_{eh} = 40$

도움표 3.1.1b의 상부플랜지 따낸보에서

$\phi R_n = 50.3(8) = 402\text{kN} > R_u = 180\text{kN}$ 적합

설계요약 : L-100×75×10×305L,

연단거리; $L_{eh} = 35$mm(양쪽), $L_{ev} = 40$mm(상·하),

볼트; 2×(F10T-N, 4-M20), 표준구멍,

L-100mm다리; 단순보쪽접합, 게이지; 65mm,

L-75mm다리; 큰보웨브쪽접합, 게이지; 40mm

▌예제 3.1.19 ▌ 단일ㄱ형강 볼트/용접접합 (보-기둥플랜지)

다음과 같은 보단부 반력으로 H-형강보(H-500×200×10×16)와 기둥(H-350×350×12×19) 플랜지 사이 단순 전단접합부를 ㄱ형강과 볼트/용접으로 설계한다.

$R_D = 40\text{kN}$, $R_L = 120\text{kN}$

단, 보-ㄱ형강 사이는 표준구멍의 F10T-N(나사부내), M20 볼트를, ㄱ형강-기둥플랜지 사이는 $F_w = 490\text{MPa}$ 용접재를 사용한다.

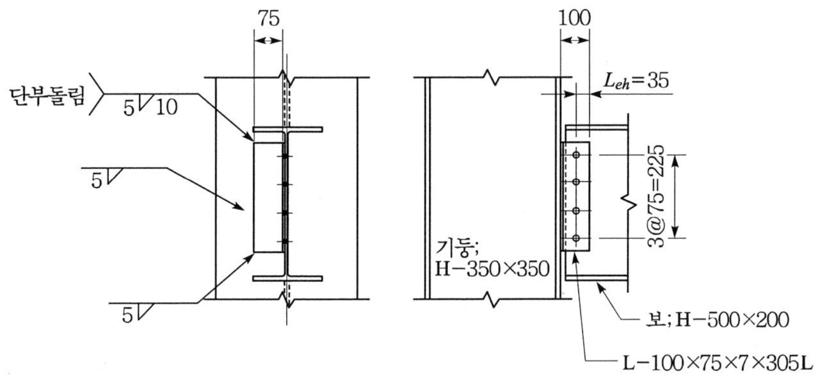

〈 단일ㄱ형강 볼트/용접접합 〉

재질규격;

보, 기둥; KS SHN355, $F_y = 355\text{MPa}$, $F_u = 490\text{MPa}$

ㄱ형강; KS SS275, $F_y = 275\text{MPa}$, $F_u = 410\text{MPa}$

▌풀이

1. 설계 하중;

$$R_u = 1.2(40) + 1.6(120)$$
$$= 240\text{kN}$$

2. 보-단일ㄱ형강 사이 볼트접합 설계;

보웨브에 접합되는 ㄱ형강 100mm쪽 다리의 편심을 검토하면; $e = 100 - 35 = 65\text{mm} < 75\text{mm}$이므로 편심을 별도로 고려할 필요가 없다.

ㄱ형강은 L-100×75×7로 가정.($t_a = 7\text{mm}$)

F10T-N, 4-M20 으로 선정하면, 도움표 3.1.11에서

$\phi R_n = 377\text{kN} > R_u = 240\text{kN}$ 적합

주 : 사용볼트 F10T, ㄱ형강 $L_{ev} = 40\text{mm}$로 도움표 기준 F8T, $L_{ev} = 35\text{mm}$와 상이하나 안전측이어서 도움표를 그대로 적용하였다.

3. 단일ㄱ형강-기둥플랜지 사이 용접설계;

※ 보웨브두께의 1/2이 6mm미만이므로 도움표 3.1.11의 값을 안전측으로 사용할 수 있다.

$s = 5$mm 필릿용접 시 도움표 3.1.11에서

$\phi R_n = 284\,\text{kN} > R_u$ 적합

4-M20+단일ㄱ형강 L-100×75×7 사용. L-75mm쪽 다리를 기둥에 공장용접하고, L-100mm쪽 다리는 보웨브에 현장 볼트로 체결한다.

4. 보웨브 검토; (따내지 않은 보)

보웨브 지압강도; $S = 75$, M20볼트, 표준구멍

도움표 2.1.4에서 $\phi r_n = 17.6 t_w = 17.6(10) = 176\text{kN}/$개

$\phi R_n = 176 n_b = 176(4) = 704\text{kN} > R_u = 240\text{kN}$ 적합

5. 지지부(기둥플랜지) 검토:

$s = 5$mm 필릿용접 시 최소 지지부두께, $t_{\min} = 346.5 s / F_u = 346.5(5)/490 = 3.54\text{mm} < t_f = 19\text{mm}$ 적합

▌예제 3.1.20▐ T형강 볼트접합 (보-기둥플랜지)

단부반력이 다음과 같은 보(H−400×200×8×13)와 기둥(H−350×350×12×19)플랜지 사이의 단순전단접합부를 구조용 T형강(CT−125×250×9×14, r=16)과 볼트로 설계한다.

$R_D = 40\text{kN}$, $R_L = 120\text{kN}$

단, 볼트는 F10T-N(나사부내), M20을 사용하고 표준구멍으로 설계한다.

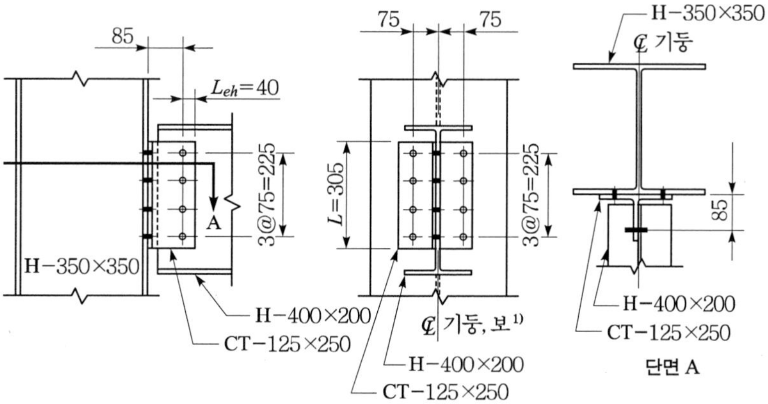

〈 T형강 볼트접합 〉

재질규격;

보, 기둥 및 CT; KS SHN355, $F_y = 355\text{MPa}$, $F_u = 490\text{MPa}$

▌풀이

1. 설계 하중;

$$R_u = 1.2(40) + 1.6(120)$$
$$= 240\text{kN}$$

2. T형강스템(stem)두께와 T형강 플랜지에 대한 볼트직경 제한 검토;

설계매뉴얼 2.3.11.2 회전연성 참조

(1) T형강스템 두께 제한 검토;

$$t_{s_{\max}} = \frac{d_b}{2} + 2 = \frac{20}{2} + 2 = 12\text{mm} > t_s = 9.0 \quad \text{적합}$$

(2) T형강 플랜지에 대한 볼트직경의 제한 검토; b=접합요소T형강의 유연부폭

게이지 가정; $g = 150$, $L_{ev} = 40$

CT의 길이; $L = (n_b - 1)S + 2L_{ev} = 3(75) + 2(40) = 305$

$$b = g/2 - t_s/2 - t_w/2 - k_1 = (150 - 9 - 8)/2 - 16 = 50.5\text{mm}$$

$$d_{b_{\min}} = 0.315 t_f \sqrt{\frac{F_y}{b}\left(\frac{b^2}{L^2} + 2\right)} < 3.48\sqrt{(t_s)} \qquad \text{설계매뉴얼 식(2.3.11.2-3)}$$

$$= 0.315(14)\sqrt{\frac{355}{50.5}\left(\frac{50.5^2}{305^2} + 2\right)} = 16.7 < 3.48\sqrt{(9)} = 10.5\text{mm}$$

$d_{b_{\min}} = 10.5 < d_b = 20$ 적합

* 접합부는 지지부에서 강하므로(rigid) T형강 스템의 볼트는 전단에 대하여 설계해야 한다. 편심모멘트에 대하여는 고려할 필요가 없다.

3. T형강과 보웨브를 접합하는 볼트의 전단과 지압강도 검토 ;

(1) 볼트전단 (도움표 2.1.1)

$\phi R_n = n_b \phi r_n$

$= 4(94.2) = 377\text{kN} > 240\text{kN}$ 적합

(2) 지압강도 검토; $S = 75$, $L_{ev} = 40$

내부볼트(3개)는 도움표 2.1.4로부터 $\phi r_{nl} = 17.6 t_s \text{kN}/$개,

연단볼트(1개)는 도움표 2.1.5로부터 직선보간하면, $\phi r_{n2} = (17.2 + 8.38)/2 = 12.8 t_s \text{kN}/$개

$\phi R_n = [n_{b1}\phi r_{n1} + n_{b2}\phi r_{n2}] t_s = [3(17.6) + 1(12.8)](9)$

$= 590\text{kN} > R_u = 240\text{kN}$ 적합

* T형강의 플랜지에 대한 볼트의 전단과 지압은 설계를 지배하지 않는다.(${}_t t_f > {}_t t_w$)

4. T형강스템의 휨항복 검토;

휨항복은 T형강 스템의 필렛반경 끝지점에 대하여 검토한다. $k = t_f + r = 14 + 16 = 30\text{mm}$

$M_u = P_u e = 240(85 - 30)/10^3 = 13.2\text{kN.m}$

$\phi M_n = \phi F_y Z_x$

$= 0.9(355)[9(305^2)/4]/10^6$

$= 66.9\text{kN.m} > 13.2$ 적합

5. T형강스템(웨브)의 전단 검토;

(1) 전단항복 검토;

$\phi R_n = \phi 0.6 F_y A_g$, $\phi = 1.0$

$= 1.0(0.6)(355)(305)(9)/10^3$

$= 585\text{kN} > 240\text{kN}$ 적합

(2) 전단파단 검토;

$\phi R_n = \phi 0.6 F_u A_{nv}$, $\phi = 0.75$

$= 0.75(0.6)(490)[305 - 4(22)](9)/10^3$

$= 431\text{kN} > 240\text{kN}$ 적합

6. T형강스템의 블록전단파단 검토; $L_{eh} = L_{ev} = 40\text{mm}$, $U_{bs} = 1.0$(1열 볼트)

(1) 인장파단 요소;

$\phi U_{bs} F_u A_{nt} = 10.7 t_s$ (도움표 2.3.3a)

(2) 전단항복 요소; $n_b = 4$

$\phi 0.6 F_y A_{gv} = 42.3 t_s$ (도움표 2.3.3b)

(3) 전단파단 요소; $n_b = 4$, $L_{ev} = 40$

$\phi 0.6 F_u A_{nv} = 41.5 t_s$ (도움표 2.3.3c)

$\phi R_n = \phi U_{bs} F_u A_{nt} + \min.[\phi 0.6 F_y A_{gv},\ \phi 0.6 F_u A_{nv}]$

∴전단파단 지배;

$\phi R_n = (10.7 + 41.5)(9)$

$= 466\text{kN} > 240\text{kN}$ 적합

7. 지압접합에서 편심에 의한 볼트군의 인장과 전단의 조합 응력 검토;

접합부는 지지부에서 강하므로, T형강 플랜지와 지지부재 사이 볼트는 전단과 편심모멘트에 대하여 검토해야 한다. 아래의 검토는 설계매뉴얼 제2장에서 설명한 '2.1.5.2 접합면에 수직인 편심'항의 방법2) 중립축일치법에 따른다.

(1) 볼트당 전단력 산정; 나사부가 전단면에 포함(N)

$$r_{uv} = \frac{R_u}{n_b} = \frac{240}{8}$$

$= 30\text{kN}/bolt < \phi R_{nv} = 94.2$ 적합 (도움표 2.1.1)

(2) 편심거리 및 볼트군 중심간 거리;

$e = a = d_c - L_{eh} = 125 - 40 = 85\text{mm}$, $n' = 4$개(중립축 상부 인장 볼트수)

$d_m = 2S = 2(75) = 150\text{mm}$

(3) 볼트당 인장력 산정;

$$r_{ut} = \frac{R_u e}{n' d_m}$$

$$= \frac{240(85)}{4(150)} = 34.4\text{kN}/bolt$$

(4) 인장-전단 조합 응력의 산정; $F_{nt} = 600\text{MPa}$, $F_{nv} = 320\text{MPa}$

$f_v = r_{uv}/A_b = 30 \times 10^3/314 = 95.5\text{MPa}$

$$F_{nt}' = 1.3F_{nt} - \frac{F_{nt}}{\phi F_{nv}} f_v \le F_{nt}$$ 기준식(4.7-5)

$F_{nt}' = 1.3(600) - 600(95.5)/[0.75(320)]$

$= 541\text{MPa} < F_{nt} = 600\text{MPa}$

$\phi R_n = \phi F_{nt}' A_b$

$= 0.75(541)(314)/10^3$

$= 127.4\text{kN}/bolt > r_{ut} = 34.4\text{kN}/bolt$ 적합

8. 볼트의 지레작용 검토;

설계매뉴얼 제2장 접합요소의 2.3.11.1 지레작용 에 따라 검토

(1) 기본상수 계산;

$$b = \frac{g - t_{wb}}{2} = \frac{150 - 8}{2} = 71.0\text{mm}$$

$$a = (b_f - g - t_{wb} - t_s)/2$$
$$= (250 - 150 - 8 - 9)/2$$
$$= 41.5\text{mm}$$

$a < 1.25b$이므로 $a = 41.5$ 사용

$$b' = b - \frac{d_b}{2} = 71.0 - \frac{20}{2} = 61.0\text{mm}$$

$$a' = a + \frac{d_b}{2} = 41.5 + \frac{20}{2} = 51.5\text{mm}$$

$$\rho = \frac{b'}{a'} = \frac{61.0}{51.5} = 1.18$$

(2) β값의 계산;

$T = r_{ut} = 34.4\text{kN}/bolt$

$B = \phi R_n = 127.4\text{kN}/bolt$

$$\beta = \frac{1}{\rho}\left(\frac{B}{T} - 1\right)$$
$$= \frac{1}{1.18}\left(\frac{127.4}{34.4} - 1\right)$$
$$= 2.28 \ \geq 1$$

$\beta \geq 1$ 이므로 $\alpha' = 1.0$;

$p = L_{ev} + S/2 < S$

$= 40 + 75/2 = 77.5 > S = 75.0\text{mm}$

따라서, $p = 75.0\text{mm}$

$\delta = 1 - \frac{d_h}{p}$; T형강스템의 표면에서

$$\delta = 1 - \frac{22}{75.0} = 0.707$$

(3) 볼트의 지레효과에 의한 T형강 플랜지의 최소 소요두께 검토;

$$t_{\min} = \sqrt{\frac{4Tb'}{0.9pF_u(1 + \alpha'\delta)}}$$ 설계매뉴얼 식(2.3.11.1-3)

$$= \sqrt{\frac{4(34.4)(10^3)(61.0)}{0.9(75.0)(490)[1 + 1.0(0.707)]}}$$

$= 12.2\text{mm} \ < t_f = 14\text{mm}$ 적합

9. T형강 플랜지에 대한 볼트의 전단과 볼트구멍의 지압 검토;

검토절차는 T형강스템에서와 동일하며, 양쪽 볼트열이 보반력의 1/2씩 분담한다고 가정하면, $t_f > t_s$이므로 검토 불필요함.

10. T형강 플랜지에 대한 전단항복, 전단파단과 블록전단파단 검토;

위의 5와 6 T형강 스템의 전단 및 블록전단파단 검토의 내용과 동일하며, ${}_{L}L_{eh} > {}_{R}L_{eh} > {}_{S}L_{eh}$ 이므로 검토 불필요함.

$({}_{L}L_{eh} = 58.5\text{mm} > {}_{R}L_{eh} = 41.5\text{mm} > {}_{S}L_{eh} = 40\text{mm})$

주 : ${}_{S}L_{eh}$ =스템 수평연단거리, ${}_{L}L_{eh}$=좌측플랜지 수평연단거리, ${}_{R}L_{eh}$ =우측플랜지 수평연단거리

11. 보웨브에 대한 볼트지압, 블록전단파단, 전단항복 및 전단파단 검토;

따내지 않은 보이므로 볼트지압 검토만 필요; M20

도움표 3.1.1b로부터

$$\phi R_n = 70.6t_w$$

$$= 70.6(8) = 565\text{kN} > \ R_u = 240\text{kN} \qquad \text{적합}$$

또는 도움표 2.1.4로부터 $\phi r_n = 17.6t_w\text{kN}/$ 개

$$\phi R_n = n_b\phi r_n = n_b(17.6t_w) = 4(17.6)(8)$$

$$= 563\text{kN} > R_u = 240\text{kN} \qquad \text{적합}$$

12. 지지부재인 기둥플랜지에 대한 검토;

1면전단, 기둥재질=보재질이며, $t_{wb} < t_f$ 이므로 볼트지압 검토는 불필요하나,

도움표 사용방법 연습을 위해 검토하면; 도움표 3.1.1b에서 지지부재 설계강도값(kN/mm)을 읽어서,

$$\phi R_n = 141t_f$$

$$= 141(19)$$

$$= 2{,}680\text{kN} \quad > R_u \qquad \text{적합}$$

상세주기(Notes for Details):

- 기둥웨브중심과 보웨브중심을 일치시키도록 배치하고, T형강 웨브중심은 보, 기둥중심과 $e = (t_{wb} + t_s)/2 = 8.5\text{mm}$

  편심을 두어 설치한다. 이와 같이 게이지를 기둥웨브 중심선 양쪽이 동일하게 배치하면 T형강의 양쪽 플랜지의 연단길이는 다음과 같이 달라지게 된다.

  $L_{eh} = b_f/2 - 75 \pm (t_{wb} + t_s)/2$

  ${}_{L}L_{eh} = b_f/2 - 75 + (t_{wb} + t_s)/2 = 250/2 - 75 + (8+9)/2 = 58.5\text{mm}$

  ${}_{R}L_{eh} = b_f/2 - 75 - (t_{wb} + t_s)/2 = 250/2 - 75 - (8+9)/2 = 41.5\text{mm}$

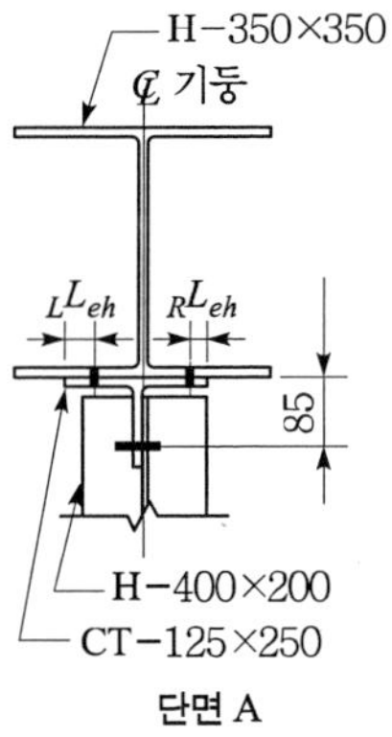

〈 T형강 플랜지 연단길이〉

04

CHAPTER

내진접합부 설계 예제

4.1 내진 모멘트 접합부

04 CHAPTER

내진접합부 설계 예제

4.1 내진 모멘트 접합부

이 절에서는 패널존 강도에 기초한 보-기둥 내진 모멘트 접합부를 도움표를 이용하여 설계하는 예제를 다루었다. 예제는「건축구조기준 KDS 41 31 00 : 2019」를 따르며 설계방법, 도움표 등의 내용은「강구조 접합부 설계매뉴얼 (2021)」중「4.2 H형강 내진 모멘트 접합부」의 내용을 따른다.

도움표를 이용한 보-기둥 내진 모멘트 접합부 설계는 다음 조건을 만족하여야 한다.

(1) 건축물 강구조 설계기준의 "4.10.10.4 (1) 폭두께비 제한" 규정에 따라 컴팩트 단면으로 1차 골조설계를 한다 (도움표의 H형강은 모두 컴팩트 단면에서 선별된 것임).

(2) 지진하중이 포함된 하중조합에 대한 기둥부재의 축력의 크기는 $P_r \leq 0.75P_c$ 의 조건을 만족해야 한다.

(3) 도움표에서 1차 설계된 보와 기둥의 해당 DCR(Demand to Capacity Ratio) 1.0 이하이면, 패널존의 전단강도가 보의 불균형모멘트의 상한값[양측모멘트접합(내부)기둥은 $2M_{pn}$, 편측모멘트접합(외부)기둥은 M_{pn}]에 기준한 소요전단강도를 상회한다는 의미이므로 패널존 보강없이도 설계요건을 충분히 만족한다. 따라서「강구조 접합부 설계매뉴얼 (2021)」의「4.2.5 중간모멘트접합부 표준상세도」를 적용하여 설계하는 것으로 충분하다. 단 내부접합부의 DCR이 0.5이하일 경우는 패널존이 과도하게 보수적으로 설계되어 비경제적이므로 권장하지 않으며 도움표에서 제외하였다.

(4) 도움표에서 1차 설계된 보와 기둥의 해당 DCR이 1.0~3.0이면 골조해석에서 얻어진 불균형모멘트(ΔM)를 사용하여「강구조 접합부 설계매뉴얼 (2021)」식 (4.2.6)에 따라 소요 패널존 두께를 재산정하여 패널존 보강여부 및 보강판 두께를 산정한다.

(5) 1차 설계된 보의 DCR이 3.0 이상이 되면 과도한 패널존 보강이 요구되는 경우로서 기둥부재 사이즈를 변경하여 재설계한다.

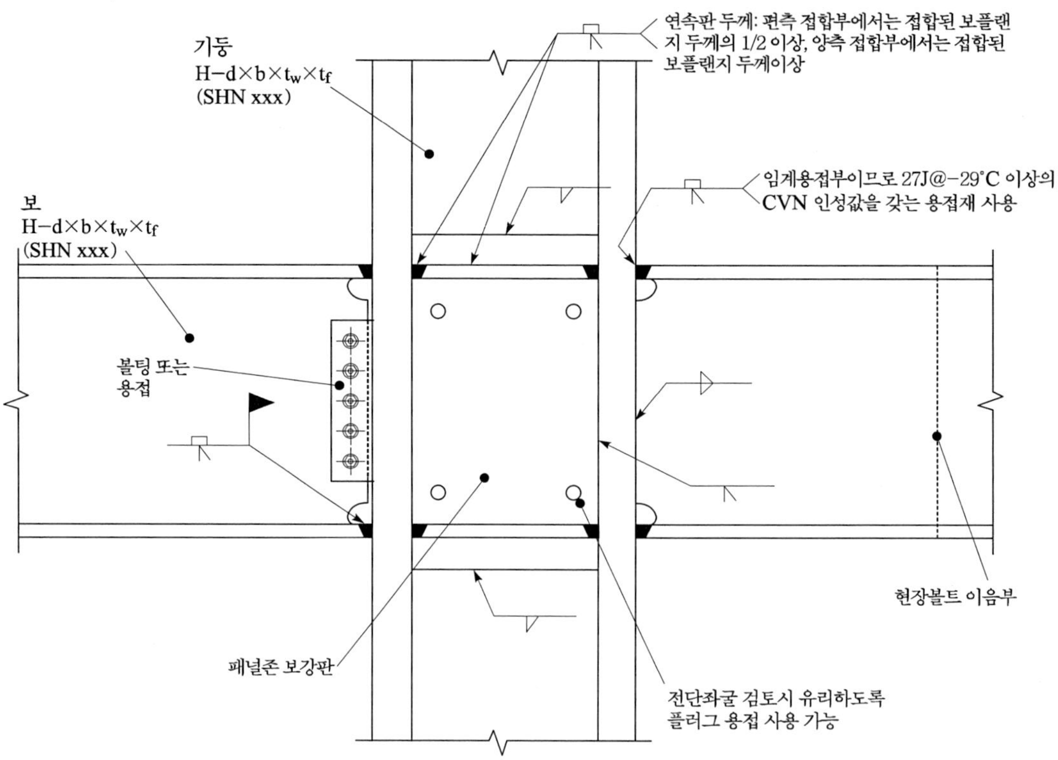

그림 4.1.1 중간모멘트접합부 표준상세 개요도

설계 예제는 총 3개가 있으며 차례는 다음과 같다.

[예제 4.1.1] 중간모멘트골조의 접합부 패널존설계(SHN355 보 및 기둥)
[예제 4.1.2] 중력하중이 유발하는 불균형모멘트에 대한 패널존 설계(SHN355 보 및 기둥)
[예제 4.1.3] 중간모멘트골조의 접합부 패널존설계(SHN275 보 및 SHN355 기둥)

보-기둥 내진 모멘트 접합부 설계와 관련된 도움표는「강구조 접합부 설계매뉴얼 (2021)」에 수록되어 있으며 목록은 다음과 같다.

[도움표 4.1] 기둥(SHN355)-보(SHN275), 광폭계열 기둥
[도움표 4.2] 기둥(SHN355)-보(SHN275), 협폭계열 기둥
[도움표 4.3] 기둥(SHN355)-보(SHN355), 광폭계열 기둥
[도움표 4.4] 기둥(SHN355)-보(SHN355), 협폭계열 기둥

▌예제 4.1.1▐ 중간모멘트골조의 접합부 패널존설계 (SHN355 보 및 기둥)

외곽부모멘트골조를 지진력저항시스템으로 갖는 건물의 1단계 설계의 결과로 다음과 같은 부재단면과 보의 휨모멘트도(BMD)가 얻어졌다. 중간모멘트골조접합부를 도움표를 이용해서 설계하라. 단, 내주, 외주 공히 $P_r \le 0.75P_c$로서 도움표 적용의 전제조건을 만족하는 것으로 가정하고 중심간 치수에 의한 골조해석을 수행하여 패널존 변형의 휨변위에 대한 영향을 근사적으로 고려하였다. (아래 그림에서 M_G 및 M_E는 각각 기둥외주면에서의 중력하중과 지진하중에 의한 모멘트 값이다)

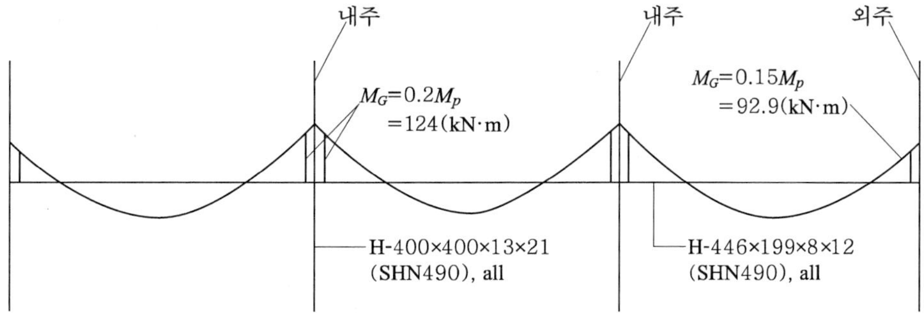

중력하중(1.2D+1.0L)에 의한 BMD

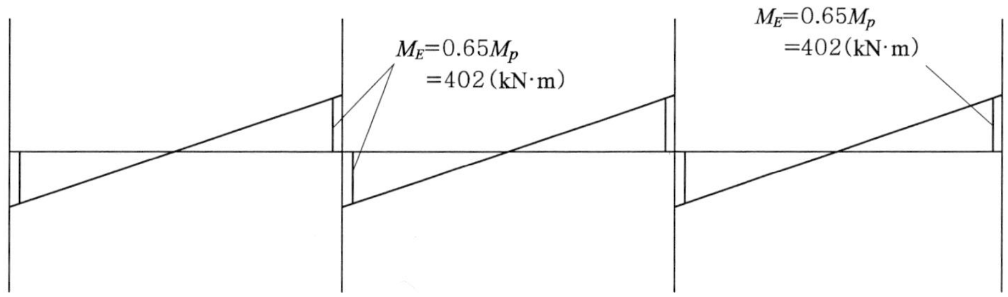

지진하중(1.0E)에 의한 BMD

▌풀이

도움표 4.3에서,

$M_{pn}(\text{H}-450\times200\times9\times14) = R_{u2}d_b \simeq 1376(0.450-0.014) \simeq 1376(0.450) = 619\text{kN·m}$

$R_n = 1713(\text{kN})$, DCR(내부)=1.61 , DCR(외부)=0.80

1. 내부(양측모멘트) 접합부

$t_{upper} = t_w \times \text{DCR} = 16(1.61) = 25.7\text{mm}$

$\Delta M = M_L + M_R = (124+402)+(402-124) = 402\times2 = 804(\text{kN·m})$

$\therefore t_{pz} = \dfrac{\Delta M}{2M_{pn}}\times t_{upper} = \left[\dfrac{804}{2(619)}\right]25.7 = 0.65(25.7) = 16.7\text{mm}$

$t_{doubler} = t_{pz} - t_w = 16.7 - 16 = 0.7\text{mm}$ (0.7/16=4.4% 초과) 0.7mm 두께 이상의 패널존 보강이 필요.

2. 외부(편측모멘트) 접합부

DCR(외부)=0.80 이므로 충분히 만족됨 → 무보강

Note : 외부접합부의 실제 패널존 소요 두께 t_{pz}

$t_{upper} = t_w \times \mathrm{DCR} = 16(0.80) = 12.8\mathrm{mm}$

$\Delta M = M_G + M_E = 92.9 + 402 = 495(\mathrm{kN{\cdot}m})$

$\therefore t_{pz} = \dfrac{\Delta M}{M_{pn}} \times t_{upper} = \left(\dfrac{495}{619}\right)12.8 = 10.2\mathrm{mm}$ < 16mm(즉, 보강없이도 5.8mm의 여유가 있음)

단, 내부·외부 접합부 공히 그림 4.1.1의 표준상세를 따름.

▌예제 4.1.2▐ 중력하중이 유발하는 불균형모멘트에 대한 패널존 설계 (SHN355 보 및 기둥)

예제 4.1.1의 조건과 동일하되 중력하중에 의한 내부접합부 부근의 BMD가 다음과 같을 때 접합부를 설계하라.

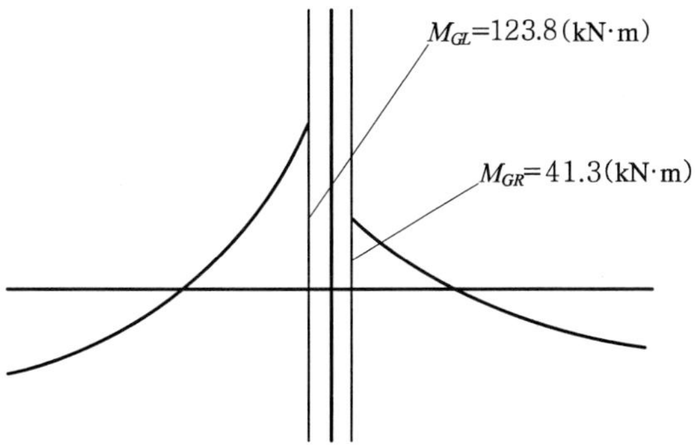

중력하중(1.2*D*+1.0*L*)에 의한 BMD

▌풀이

불균형모멘트가 중력하중에 의해서도 발생하므로 예제 4.1.1에 비해 패널존 전단력이 증가되는 경우이다.

$$\Delta M = (124+402)+(402-41.3) = (124-41.3)+402\times 2 = \Delta M_G + \Delta M_E$$

$$= 82.7+804 = 887(\text{kN·m})$$

$\therefore t_{pz} = \left(\dfrac{887}{805}\right)16.7 = 1.10(16.7) = 18.4\text{mm}$ → 약 2.4mm 두께의 패널존 보강이 필요하다.

(단, 기둥과 동일 강도의 패널존 보강재를 사용한다.)

▌예제 4.1.3 ▌ 중간모멘트골조의 접합부 패널존설계 (SHN275 보 및 SHN355 기둥)

예제 4.1.1의 조건과 동일하되 보의 소재를 SHN355에서 SHN275로 변경하였을 경우 내부접합부 및 외부접합부의 패널존을 검토하라. (단, 소요모멘트의 값은 보의 바뀐 소성모멘트에 비례하도록 하며, 소요기둥과 동일 강도의 패널존 보강재를 사용한다)

▌풀이

도움표 4.1에서,

$M_{pn}(\text{H}-450\times200\times9\times14)=R_{u2}d_b\simeq1066(0.450-0.014)\simeq1066(0.450)=480\text{kN·m}$

$R_n=1713(\text{kN})$, DCR(내부)=1.24 , DCR(외부)=0.62

1. 내부(양측모멘트) 접합부

$t_{upper}=t_w\times\text{DCR}=16(1.24)=19.9\text{mm}$

$\Delta M=M_L+M_R=(96+312)+(312-96)=312(2)=624(\text{kN·m})$

$\therefore t_{pz}=\dfrac{\Delta M}{2M_{pn}}\times t_{upper}=\left[\dfrac{624}{2(480)}\right]19.9=0.65(19.9)=12.9\text{mm}\ <\ 16\text{mm}$

보강할 필요가 없다. (보강없이도 약 3mm의 여유가 있음).

2. 외부(편측모멘트) 접합부

DCR(외부)=0.62 이므로 충분히 만족됨 → 무보강

Note : 외부접합부의 실제 패널존 소요 두께 t_{pz}

$t_{upper}=t_w\times\text{DCR}=16(0.62)=10.0\text{mm}$

$\Delta M=M_G+M_E=72+312=384(\text{kN·m})$

$\therefore t_{pz}=\dfrac{\Delta M}{M_{pn}}\times t_{upper}=\left(\dfrac{384}{480}\right)10.0=8.0\text{mm}\ <\ 16\text{mm}$(즉, 보강없이도 8.0mm의 여유가 있음)

단, 내부·외부 접합부 공히 그림 4.1.1의 표준상세를 따름.

(가나다순)

구분	성명	소속
집필위원장	정 석 재	(주)쓰리디엔지니어링 대표
집 필 간 사	최 인 락	호서대학교 교수
집 필 위 원	문 영 민	(주)에스코엔지니어링 대표
	이 승 혜	세종대학교 교수
	이 철 호	서울대학교 교수
	이 혜 원	(주)이원구조엔지니어링 대표
검 토 위 원	김 승 원	뉴테크구조기술사사무소 대표
	박 대 영	(주)보루 기술고문
	최 선 규	선영구조기술사건축사사무소 대표
	최 준 식	(주)단이엔씨 대표
자 문 위 원	김 상 식	(사)한국건축구조기술사회 회장
	김 종 락	숭실대학교 명예교수
	신 경 재	(사)한국강구조학회 회장
	윤 병 익	(주)아이맥스트럭처 대표

강구조 접합부 설계예제집 정가 15,000원

저자 : (사) 한국건축구조기술사회 / (사) 한국강구조학회

발행인 : 임해진
발행처 : 도서출판 구미서관

인쇄 : 2021년 4월 8일
발행 : 2021년 4월 15일

등록 : 1979년 6월 29일 No.9-6호

주소 : 서울시 마포구 신촌로 2길 5-15 구미빌딩
전화 : 02-333-1101
팩스 : 02-335-2201
http://www.goomibook.com

ISBN : 979-11-6257-158-3 (93540)